Ich widme dieses Buch in Dankbarkeit meiner Frau.
I dedicate this book with gratitude to my wife.

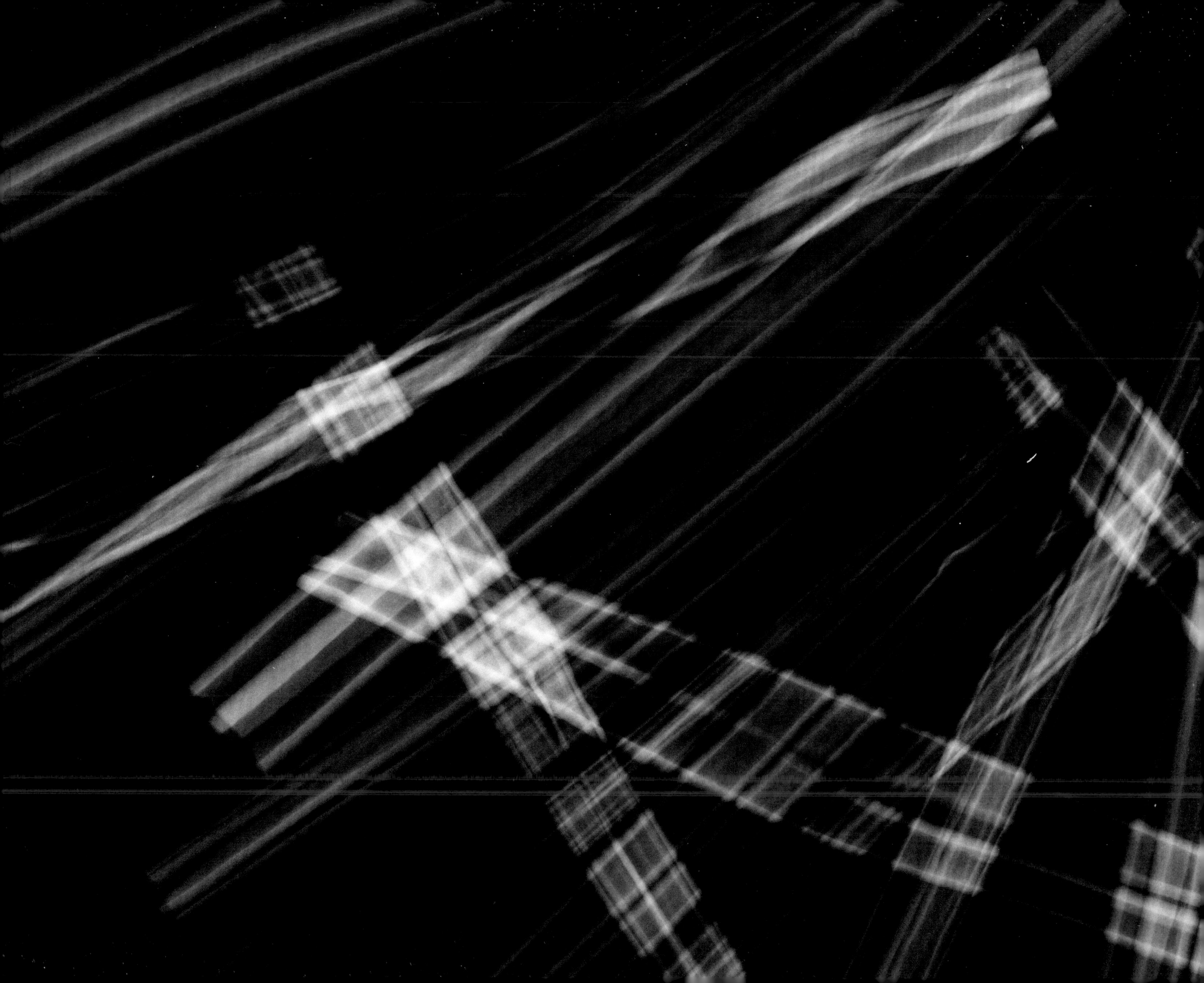

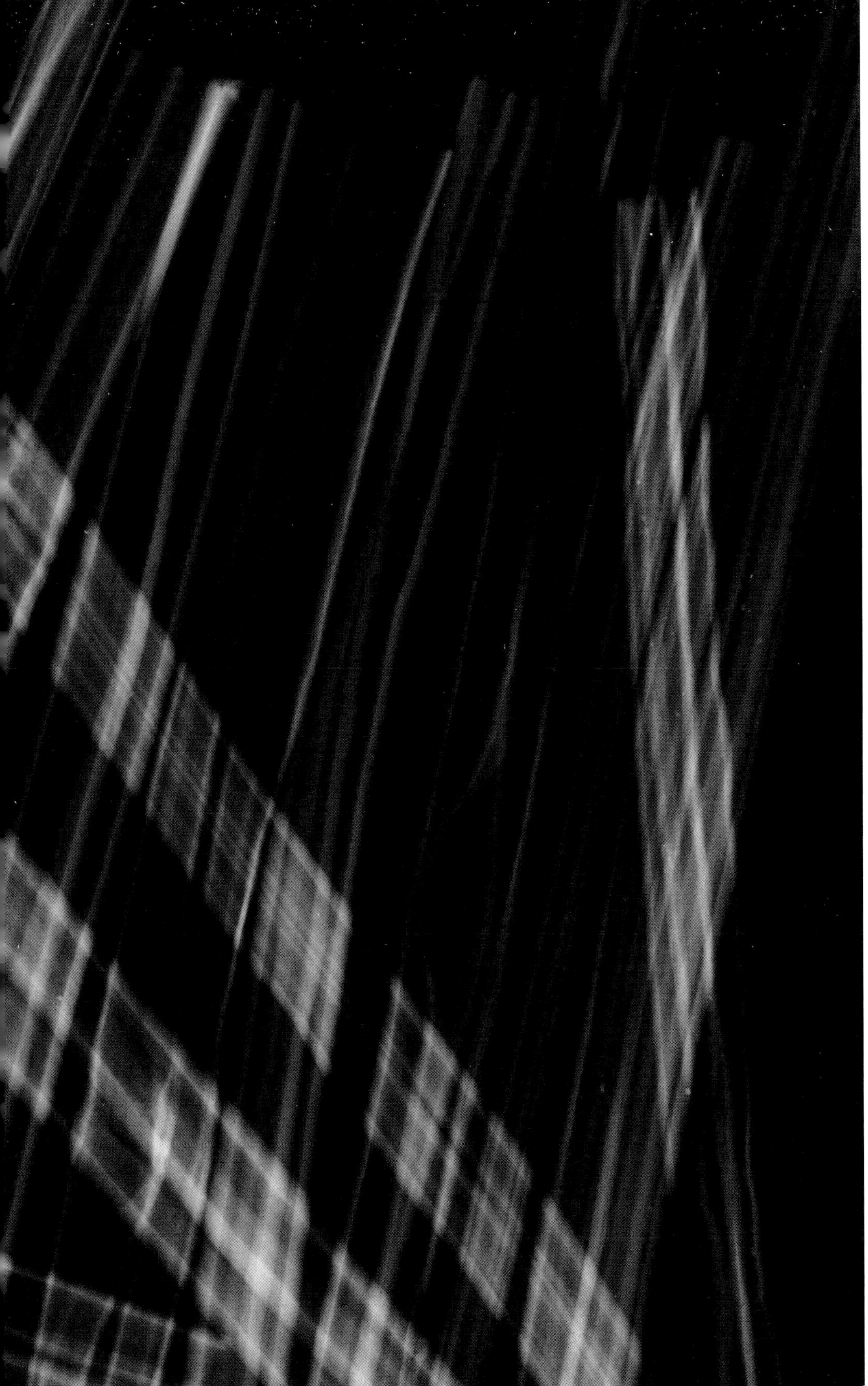

X-RAY
ART PHOTOGRAPHY

Werner Schuster

Mit einem Vorwort von
Wittigo Keller

With a foreword by
Wittigo Keller

**Mit einem Text und Interview von
René Harather**

**With a text and interview by
René Harather**

HIRMER

Herausgeber / Editor: Dr. Werner Schuster

Lektorat Deutsch / Editing German: Alexander Langkals

Lektorat und Übersetzung Englisch / Copy-editing and Translation English: Christopher Wynne

Gestaltung, Satz und Produktion / Design, Typesetting and Production: Eva Schlotter

Lithografie / Origination: Reproline Genceller, München

Schrift / Typeface: Fedra Sans

Papier / Paper: Garda Art matt, 170 g/qm

Druck und Bindung / Printed and bound: Printer Trento, Trient, Italien

Printed and bound in Italy

Umschlagabbildung / Illustration Front Cover: Fish, c-print, 65 × 111 cm

Abbildung Umschlagrückseite / Illustration Back Cover: Six Nuts, c-print, 65 × 150 cm, Nighttrain, c-prints, 80 × 450 cm (3 × 80 × 150cm)

Frontispiz / Frontispiece: Cinnamon, c-print, 80 × 111 cm

Bibliografische Information der Deutschen Nationalbibliothek

Die Deutsche Nationalbibliothek verzeichnet diese Publikation in der Deutschen Nationalbibliografie;

detaillierte bibliografische Daten sind im Internet über http://dnb.de abrufbar.

Bibliographic information published by the Deutsche Nationalbibliothek

The Deutsche Nationalbibliothek lists this publication in the Deutsche Nationalbibliografie;

detailed bibliographic data are available in the Internet at http://www.dnb.de.

Gefördert durch / Sponsored by: UNIQA Versicherungen AG 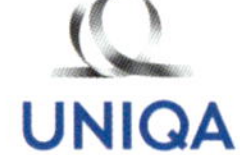

ISBN. 978-3-7774-8081-7

www.hirmerverlag.de
www.hirmerpublishers.com

INHALT
CONTENTS

APROPOS

Der Mediziner mit den drei Augen

Dr. Werner Schuster, „leider" Arzt, wie er – trotz Überzeugung und Status als fachliche Koryphäe – so gerne hinter seinem verschmitzten Lächeln verrät, bewegt sich im Wechselspiel zwischen zwei Welten.

Einer wissenschaftlich-medizinischen, die dem Diagnostisch/Therapeutischen zum Heil der Menschen dienen darf, und einer kreativen, die an sich schon heilsam ist – für sein bildbetrachtendes Publikum gleichwie für ihn selbst, wenn der erlebnishafte Augenblick entdeckter äußerer Erscheinungsbilder zum visionär-schöpferischen Akt seiner inneren Bilderwelten überwechselt: ein gestaltetes künstlerisches Werk als Transformationsritual.

Das biologische Auge, in seiner symmetrischen Stereozweisamkeit, führt ihn bereits früh in Gefilde spannender Motive, die er jedoch anders zeigen möchte, als sie (wirklich) sind. Das mag auch die Faszination für das geradezu ideale Medium Fotografie erklären, das ihn seit jungen Lebensjahren aktiv begleitet und permanent zum Schwärmen bringt.

Um Beruf und Berufung letztlich zu vereinigen als auch künstlerisches Schaffensdefizit zu minimieren, wird er Radiologe und später „X-ART" Spezialist, ein Eigenstil höchst subjektiver Interpretation und technischer Neuerungen, die fotografisches „Neuland" erobern. Damit überschneiden und kombinieren sich gleichzeitig (synchron) die beiden Arbeitsgebiete als untrennbares Konglomerat.

Der lebenslang staunende Entdecker und Tüftler erkennt damit sein drittes Auge in doppelter Form: das technische als Notwendigkeit eines Wechselspiels zwischen Kleinbild- und Fachkameras, Röntgenmaschinen und fortschrittlichstem Mammografie-Equipment mit atemberaubender Auflösung, das die meterlangen Bildvisionen erlaubt. Und dann das andere, das alles Durchdringende und Transparenz erschaffende, verbunden mit dem uralten Bedürfnis der Menschheit, hinter die Dinge blicken zu dürfen und dunkel-unsichtbar Verborgenes ans Tageslicht zu bringen: ein innovativer Magieakt mit „schwarzem Licht" und eine Suche nach „Vollkommenheit", denn jede Nur-Wiederholung als Kopie von Gewesenem verliert ihre Kraft und würde in tödlichem Stillstand enden …

Begeben wir uns also auf eine Reise, um Gewohntes anders erleben zu dürfen.

Mag. Art. Dr. Wittigo Keller
Kurator, Kollege und Altvizepräsident, Künstlerhaus Wien

APROPOS

The Doctor with three Eyes

Dr. Werner Schuster – 'unfortunately' a doctor, as he reveals behind a mischievous smile, despite his conviction and status as an expert in his field – is constantly moving between two worlds.

A scientific, medical one, whose diagnostics and therapies serve the good of the people, and a creative one, that in itself is therapeutic for both those looking at his pictures and for himself – when the thrilling moment at the discovery of external images turns into a visionary, creative act within one's inner pictorial world: a sculpted, artistic work as a transformation ritual.

At an early age, the biological eye in its symmetrical, stereo duality, led him into the realm of captivating motifs which, however, he wanted to show differently to how they (really) are. This may well explain his fascination for the virtually ideal medium of photography that was to stay with him actively throughout his childhood days and about which he constantly enthused.

To combine both his profession and his calling, as well as to minimise any deficit in his artistic output, he became a radiologist and later an 'x art' specialist – a personal style of highly subjective interpretations and technical innovations that were to conquer 'unknown' photographic territory. In so doing, the two areas in which he works overlap one another and combine at the same time (synchronously) to form an inseparable whole.

The explorer and tinker, who never ceases to be amazed, is well aware of his third eye in both its variations – the technical one, necessitated by the interplay between pocket and professional cameras, x-ray apparatus and the most advanced mammography equipment with its breathtakingly high resolution that enables metre-long pictures to be produced; and the other, that all-pervading one that creates transparency, combined with man's *ur*-need to be able to see behind things and to bring everything that is hidden in the dark and is invisible to light: an innovative magical trick with 'black light' and the search for 'perfection', as any near-duplicate loses its impact as a mere copy of what has been and would end in a fatal standstill …

Let us then embark on a journey to experience the familiar in a different way.

Dr. Wittigo Keller
Curator, colleague and former Vice President of the Künstlerhaus Wien

KÜNSTLERISCHE RÖNTGENFOTOGRAFIE

Von den Anfängen bis zur Gegenwart

René Harather

DER EDLE DOKTOR RÖNTGEN – ODER DIE ENTDECKUNG DER X-STRAHLEN (1895/96)

Der deutsche Physiker **Wilhelm Conrad Röntgen** (1845–1923) gilt heute als einer der bedeutendsten Wissenschaftler aller Zeiten (Abb. 1). Am 8. November 1895 entdeckte der Professor des Physikalischen Instituts der Universität Würzburg im Zuge eines Experiments per Zufall die Röntgenstrahlen. Röntgen stellte bei Versuchen mit einer Crookes'schen Schattenkreuzröhre an einem Bariumplatincyanürschirm erstaunt fest, dass in der Nähe liegende Kristalle bei jeder Entladung hell aufleuchteten und eigentümlich fluoreszierten. Die Strahlen durchdrangen undurchsichtige Stoffe wie Holz, Papier, Gummi und menschliches Fleisch und hinterließen auf dahinter positionierten fotografischen Platten schattige Bilder vom Inneren der Objekte (Abb. 2). Röntgen nannte seine Entdeckung X-Strahlen, die heute im Deutschen gängige Bezeichnung Röntgenstrahlen geht auf den Anatomen Albert von Kölliker zurück und wurde nach Röntgens Tod zum Standard, im Englischen hingegen wird der ursprüngliche Begriff X-ray verwendet.[1]

Bereits in den Jahren zuvor experimentierten namhafte Forscher mit Kathodenstrahlen. Der deutsche Physiker und Chemiker **Johann Wilhelm Hittorf** (1824–1914) hatte Ende der 1860er-Jahre die Kathodenstrahlen entdeckt und damit die Basis für die Entwicklung von Röntgenstrahlen- und Kathodenstrahlenröhren geschaffen; seine Beobachtungen blieben aber unbeachtet. Sir **William Crookes** (1832–1919), wie Hittorf Physiker und Chemiker, machte einige Jahre später die Kathodenstrahlen ebenfalls sichtbar und schuf darüber hinaus die Grundlagen der Röntgenspektroskopie. Die nach ihm benannten Röhren wurden in der Folge

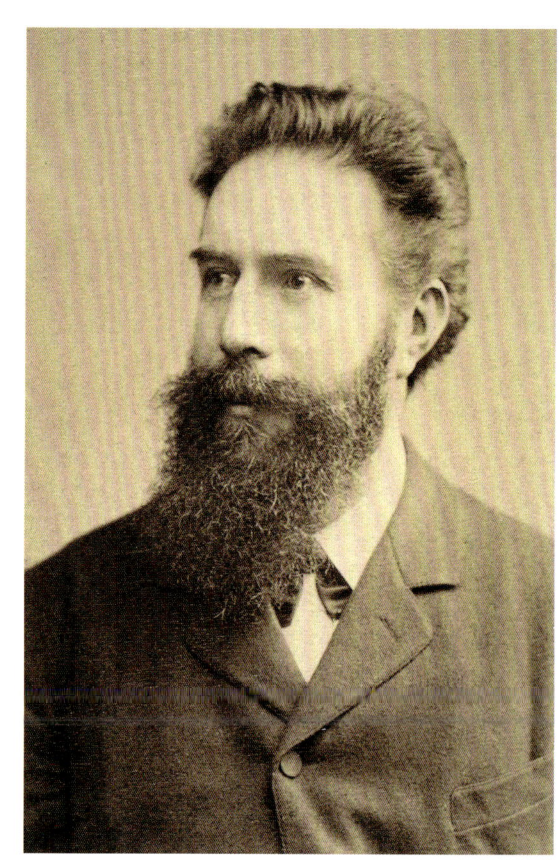

X-RAY PHOTO ART

From its beginnings to the present day

René Harather

THE NOBLE DOCTOR RÖNTGEN – OR THE DISCOVERY OF X-RAYS (1895/96)

The German physicist **Wilhelm Conrad Röntgen** (1845–1923) is now regarded as one of the most distinguished scientists of all time (fig. 1). On 8 November, 1895, while working as a professor at the Physics Institute at the University of Würzburg, he accidentally discovered x-rays while conducting another experiment. Working with a Crookes tube at a barium platinocyanide screen, Röntgen was astonished to find that the crystals closeby lit up brightly and became strangely fluorescent at each discharge. The rays penetrated non-transparent materials such as wood, paper, rubber and human flesh and left shady pictures of the inside of objects on the photographic plates (fig. 2). Röntgen called his discovery x-rays. The commonly used German expression 'Röntgen rays' stems from the anatomist Alfred von Kölliker and became the standard expression after Röntgen's death. However, the English speaking world uses the original term x-rays.[1]

Well-known researchers had already been experimenting with cathode rays a few years earlier. The German physicist and chemist **Johann Wilhelm Hittdorf** (1824–1914) discovered cathode rays in the late 1860s, creating the basis for the development of x-ray and cathode tubes. However, his findings received little attention. A few years later Sir **William Crookes** (1832–1919) – like Hittdorf a physicist and chemist – also made cathode rays visible as well as establishing the basis of x-ray spectroscopy. The tubes named after Crookes were used by numerous researchers. Crookes himself observed that photographic plates placed near his tubes would become 'foggy' as early as in 1879, but assumed this to be a production fault.

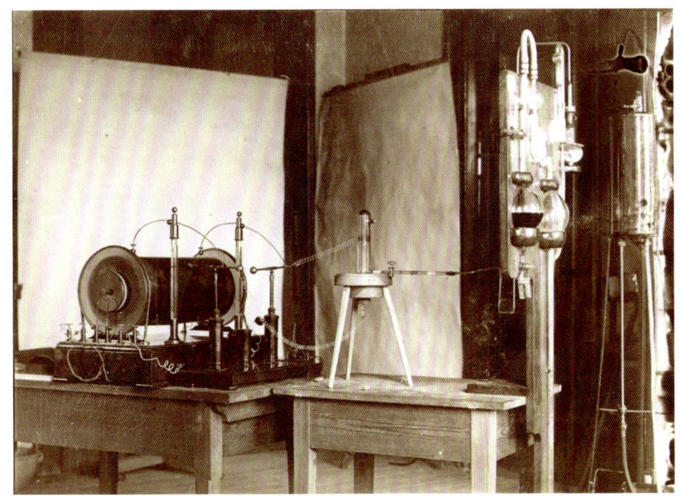

1   Wilhelm Conrad Röntgen zur Zeit der Strahlenerforschung, Deutsches Röntgen-Museum, Remscheid

Wilhelm Conrad Röntgen at the time of his experiments with rays, Deutsches Röntgen-Museum, Remscheid

2   Geräte, mit denen Röntgen seine Strahlen erforschte, Deutsches Röntgen-Museum, Remscheid

Apparatus Röntgen used to carry out his experiments with rays, Deutsches Röntgen-Museum, Remscheid

von zahlreichen Forschern verwendet. Er selbst beobachtete schon 1879, dass fotografische Platten, die in der Nähe seiner Röhren lagen, „Schleier" aufwiesen, die er einem Produktionsmangel zuschrieb.

An der Universität von Pennsylvania in Philadelphia produzierten der Physiker **Arthur Willis Goodspeed** (1860–1943) und **William Nicholson Jennings** (1860–1946) bei fotografischen Experimenten mit Funken- und Büschelentladungen im Physikalischen Labor das weltweit älteste dokumentierte Kathodenstrahlenbild. Jennings beschrieb zwei merkwürdige runde helle Scheiben auf einem Negativbild. Die Forscher konnten sich die Erscheinung nicht erklären; sie geriet in Vergessenheit, und erst nach Bekanntwerden von Röntgens Entdeckung konnte Goodspeed das „Schattenbild" als Röntgenbild identifizieren (Abb. 3).[2]

Der geniale Röntgen hingegen beschäftigte sich nach seiner Entdeckung wochenlang und praktisch unter Ausschluss der Öffentlichkeit akribisch mit sämtlichen Aspekten seiner Entdeckung und untersuchte die vielen merkwürdigen Eigenschaften der neuen Strahlen gründlich, ehe er damit an die Öffentlichkeit trat (Abb. 4, 5). Im Zuge dieser Forschungen entstand am 20. November die älteste bekannte mit X-Strahlen erstellte Fotografie durch die Holztür des Physikalischen Instituts. Am 22. Dezember 1895 gelang Röntgen die heute legendäre Aufnahme von der Hand seiner Frau (Abb. 6), bei der die Knochen und der Ehering klar zu erkennen sind, und wenige Tage später, am 28. Dezember reichte er im Sekretariat seiner Universität das Manuskript seiner Arbeit *(Über) Eine neue Art von Strahlen* ein.[3]

Bereits zum Neujahrstag 1896 sandte Röntgen einigen befreundeten Wissenschaftlern einen Sonderdruck und aussagekräftige Fotografien über seine neue Entdeckung. Darunter befand sich der Wiener Physiker Franz Serafin Exner, ein ehemaliger Studienkollege, der sie wiederum bei einem privaten Diskussionsabend einer Kollegenrunde zeigte, aus der die Meldung in Folge einer Indiskretion an die Öffentlichkeit gelangte. Die Wiener Zeitung *Neue Freie Presse* druckte auf der ersten Seite der Sonntagsausgabe vom 5. Januar 1896 einen Artikel mit dem Titel *Eine sensationelle Entdeckung* ab, verfasst vom Physiker Ernst Lechner, dessen Vater wiederum Redakteur der Zeitung war. Die internationale Nachrichtenagentur Reuters kabelte diese Meldung sofort nach London weiter, von wo aus sie sich wie ein Lauffeuer rund um die Welt

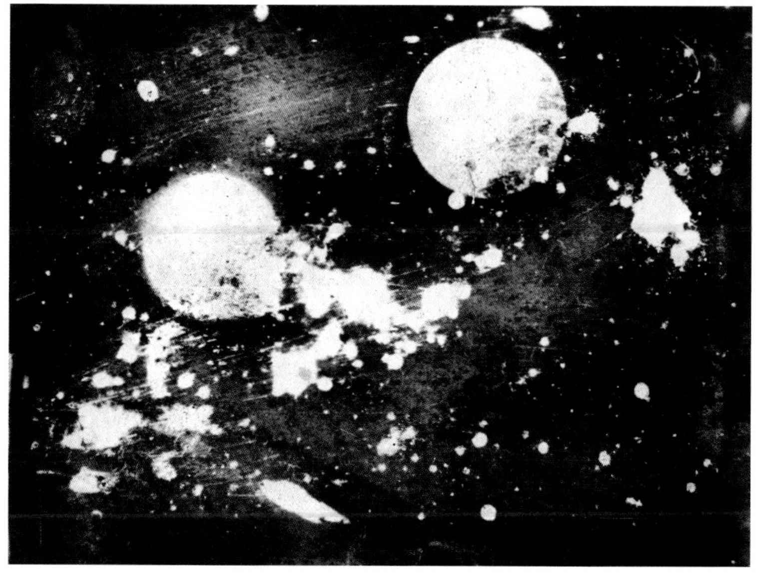

3   Das erste Röntgenbild, fünf Jahre vor der Strahlenentdeckung in Philadelphia von Goodspeed aufgenommen, 1890, Deutsches Röntgen-Museum, Remscheid
The first x-ray photograph taken five years before the discovery of x-rays in Philadelphia by Arthur Willis Goodspeed, 1890, Deutsches Röntgen-Museum, Remscheid

4   Kompass in einem Holzkästchen, Deutsches Röntgen-Museum, Remscheid
Compass in a wooden case, Deutsches Röntgen-Museum, Remscheid

5   Röntgens Jagdgewehr, Deutsches Röntgen-Museum, Remscheid
Röntgen's hunting rifle, Deutsches Röntgen-Museum, Remscheid

6   Röntgenbild der Hand von Anna Berta Röntgen, Deutsches Röntgen-Museum, Remscheid
X-ray photograph of Anna Berta Röntgen's hand, Deutsches Röntgen-Museum, Remscheid

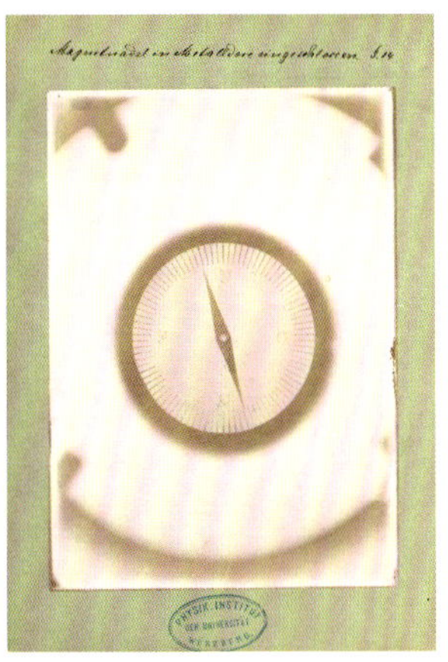

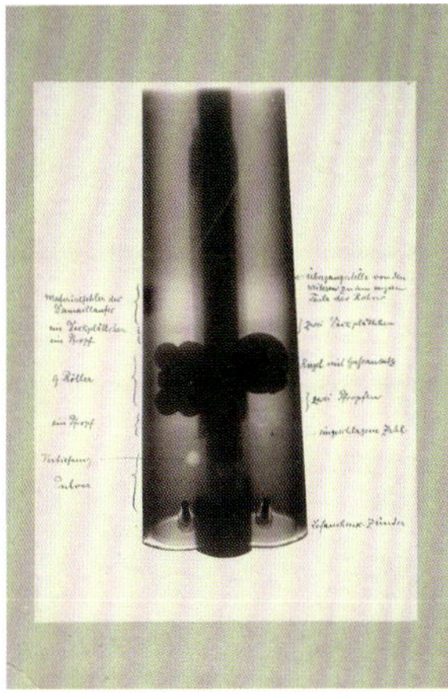

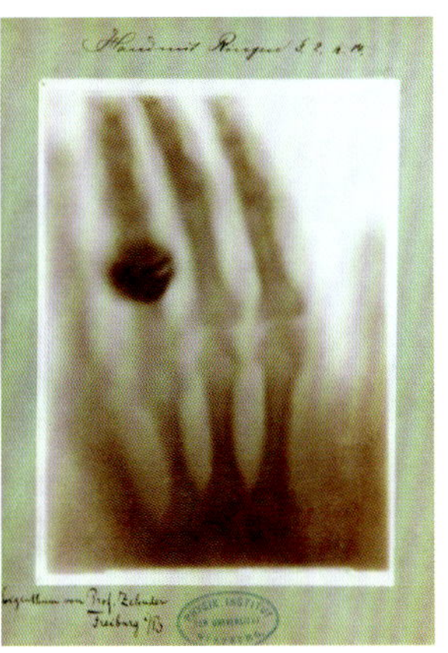

When making photographic experiments with spark and bundle explosions in the physics laboratory at the University of Pennsylvania, Philadelphia, the physicist **Arthur Willis Goodspeed** (1860–1943) and **William Nicholson Jennings** (1860–1946) produced the oldest ever documented cathode ray picture in the world. Jennings described two strange round, bright discs on a negative image. Neither of the researchers could explain their appearance and it was forgotten until Röntgen's discovery became known. Then Goodspeed was able to identify the 'silhouette' as an x-ray picture - the first ever taken (fig. 3).[2]

The genius Röntgen, however, meticulously analysed every aspect of his discovery for weeks on end and – excluding the presence of virtually anybody else – painstakingly and thoroughly researched into the many strange features of the new rays before making things public (figs 4, 5). In the wake of this research the oldest x-ray photograph known was taken through the wooden door of the Institute of Physics on 20 November, 1895. On 22 December, 1895, Röntgen took the now legendary photograph of his wife's hand (fig. 6), in which the bones and wedding ring can clearly be seen. A few days later, on 28 December, 1895, he handed in a report on his work entitled *(Über) Eine neue Art von Strahlen* ((On) A New Kind of Ray)[3] at the faculty office at his university.

By New Year's Day 1896 Röntgen had even sent specially printed copies of his new discovery along with clear photos to some scientist friends of his. These included the Viennese physicist Franz Serafin Exner, with whom he had studied, who in turn showed it to a small group of colleagues at a private evening debate. In an act of indiscretion, someone from this group made the report public. The Viennese newspaper *Neue Freie Presse* printed the article – *Eine sensationelle Entdeckung* (A Sensational Discovery) – on the front page of its Sunday paper dated 5 January, 1896. The article was written by the physicist Ernst Lechner whose father happened to be the editor of the newspaper. The international news agency Reuters immediately wired the news to London from where it spread like wildfire around the world, as doctors, scientists and laymen alike at once realized the immense importance of Röntgen's discovery (fig. 7).[4]

verbreitete, da Medizinern, Wissenschaftlern und Laien gleichermaßen die außerordentliche Bedeutung von Röntgens Entdeckung sofort evident war (Abb. 7).[4]

Parallel dazu begannen Wissenschaftler verschiedenster Richtungen – Physiker, Mediziner, Elektroingenieure – und schließlich interessierte Fotografen sofort nach Bekanntwerden der Entdeckung mit weiterführenden Experimenten (Abb. 8). So entstanden, noch bevor Wilhelm Conrad Röntgen seine bahnbrechende Entdeckung im Zuge seines Vortrages *Über eine neue Art von Strahlen* am 23. Januar 1896 der wissenschaftlichen Öffentlichkeit in Würzburg offiziell präsentierte, die ersten Fotografien, von denen heute einige auch zu den Pioniertaten der künstlerischen Röntgenfotografie gezählt werden können.[5]

Wilhelm Conrad Röntgen wurde 1901 der erste Nobelpreisträger für Physik; das gesamte Preisgeld stiftete er der Würzburger Universität. Das außerordentliche wissenschaftliche Ethos Röntgens, seine absolute Uneitelkeit, der Verzicht auf Patentierung seines Experimentes und seine Auffassung, dass „seine Erfindungen [und Entdeckungen] der Allgemeinheit gehören"[6] sollen, ermöglichten eine rasche Verbreitung der Röntgentechnik. Die Röntgenstrahlen bedeuteten darüber hinaus nichts weniger als eine Revolution in der medizinischen Diagnostik, führten indirekt zur Entdeckung der Radioaktivität und halfen in der Folge auch bei der Erforschung des Mikrokosmos (Röntgenmikroskop) und des Weltalls (Röntgenastronomie) und werden heute auch bei Werkstoffprüfungen (Durchstrahlungsprüfung) eingesetzt.[7]

PIONIERE UND ÄSTHETEN – DIE ANFÄNGE DER RÖNTGENFOTOGRAFIE (1896–1912)

Inspiriert von den Berichten über Röntgens Entdeckung gingen der österreichische Wissenschaftler und Fotohistoriker **Josef Maria Eder** (1855–1944) und der Chemiker **Eduard Valenta** (1857–1937) schon Anfang Januar 1896 daran, eigene Versuche in Sachen Röntgenfotografie anzustellen. Am 7. Januar begannen sie, Röntgens Bilder, die sie bei Si(e)gmund Exner, Professor für Physiologie und Bruder von Franz Exner, gesehen hatten, nachzustellen. Das Skelett einer menschlichen Hand brachte bei einer zweistündigen Belich-

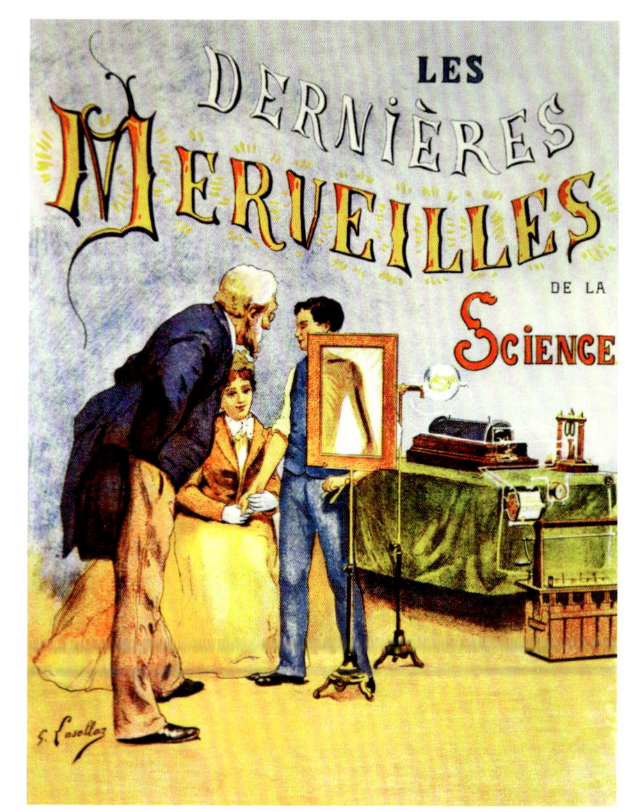

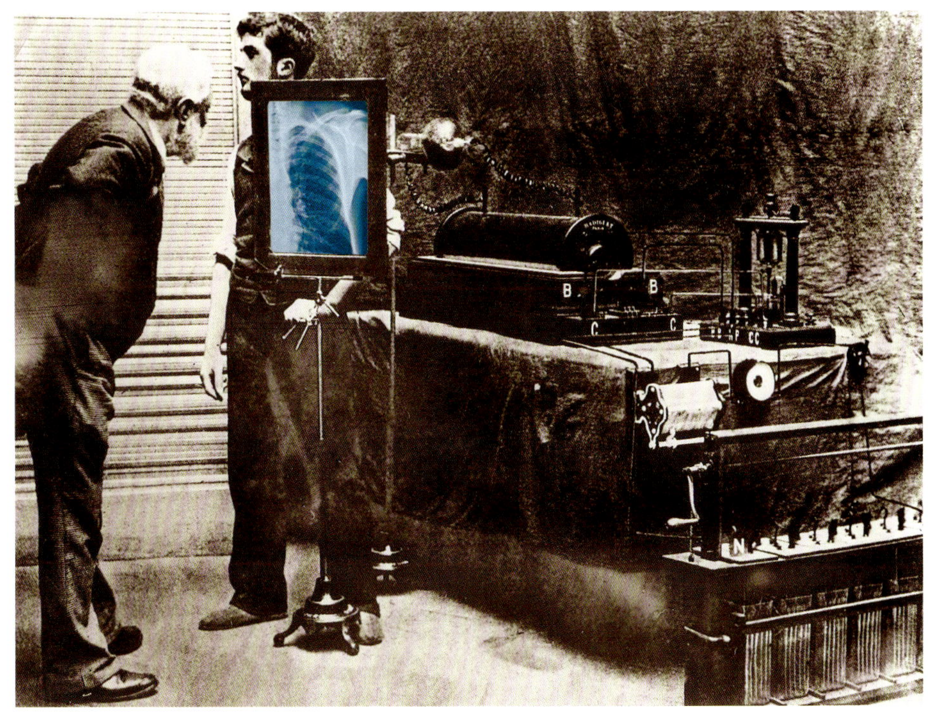

At the same time scientists in different fields – physicists, doctors, electrical engineers – and, ultimately, interested photographers continued the process with their own experiments as soon as Röntgen's discovery became known (fig. 8). As a result, the first photographs had already been taken even before Wilhelm Conrad Röntgen's presentation of his pioneering discovery at his lecture 'Über eine neue Art von Strahlen' (On a New Kind of Ray) to the scientific world in Würzburg on 23 January, 1896. Some of these early photos can also be counted among the pioneering works of x-ray art.[5]

In 1901 Wilhelm Conrad Röntgen became the first person to receive the Nobel Prize in Physics. He donated all his prize money to the University of Würzburg. Röntgen's exceptional scientific ethos, his utter modesty, his decision not to patent his experiment and his view that "his inventions [and discoveries] were for the good of mankind"[6] enabled the use of x-ray technology to spread fast. On top of this, x-rays caused a revolution in medical diagnostics; they indirectly led to the discovery of radioactivity and also helped research on the microcosm (x-ray microscope) and space (x-ray astronomy). They are also used today to analyse materials (radiographic testing).[7]

PIONEERS AND AESTHETES – THE BEGINNINGS OF X-RAY PHOTOGRAPHY (1896–1912)

Inspired by reports about Röntgen's discovery, the Austrian scientist and photographic historian **Josef Maria Eder** (1855–1944) and the chemist **Eduard Valenta** (1857–1937) started their own experiments with x-ray photography in early January 1896. On 7 January they began to reconstruct Röntgen's pictures which they had seen at Si(e)gmund Exner's – a professor of physiology and Franz Exner's brother. 'Reasonable results' were achieved of the skeleton of a human hand after an exposure time of two hours.[8] That very same day these results were presented to the Photographic Society, together with the Röntgen ori-

tungszeit „brauchbare Resultate".[8] Noch am gleichen Tag wurden diese der Photographischen Gesellschaft neben den Röntgen-Originalen präsentiert, um die Verbesserung der Technik zu demonstrieren. Bereits im Februar 1896 gab das Duo eine aufwendige Publikation unter dem Titel *Versuche über Photographie mittelst der Röntgen'schen Strahlen* heraus, die Fotogravuren von insgesamt 15 Röntgenbildern und einen umfangreichen Begleittext über Vorgangsweise und Technik enthielten.[9] Die Komposition einiger Bilder auf ihren ästhetischen Eindruck hin ist offensichtlich, Beispiele dafür geben die Tafeln V (*Tabelle der Durchlässigkeit von verschiedenen Substanzen gegen Röntgen-Strahlen*), VI (*Cameen in Goldfassung*), VII (*Grüne Eidechse*), VIII (*Chamaeleon*), IX (*Zwei Seefische*), XI (*Solfisch*), XII (*Frösche*) und XV (*Aesculap-Schlange*) ab (Abb. 9).[10]

Nicht unerwähnt sollte bleiben, dass nahezu zeitgleich und ebenfalls in Wien die medizinische Radiologie quasi aus der Taufe gehoben wurde. **Eduard Haschek** (1875–1947), Assistent von Franz Exner am 2. Physikalischen Institut, und der Medizinstudent **Gustav Kaiser** (1871–1954) fertigten in der Zeit zwischen 10. und 17. Januar 1896 die ersten Röntgenbilder von Patienten an. Sie hielten unter anderem eine schlecht verheilte Unterarmfraktur, eine Schrotschussverletzung und die angeborene Missbildung einer Zehe auf fotografischen Platten fest. Am 23. Januar 1896 erschien hierauf in der Wiener klinischen Wochenschrift *Ein Beitrag zur praktischen Verwertung der Photographie nach Röntgen* von Haschek und **Otto Th. Lindenthal** (1872–1947), der auch die erste experimentelle Röntgenangiografie der Welt enthielt.[11]

Mit der Aufnahme einer Hand einer Patientin, mittels derer eine Nadel lokalisiert werden konnte, produzierte der Mediziner **John Francis Hall-Edwards** (1858–1926) am 11. Januar 1896 die erste Röntgenaufnahme in England. Nur zwei Tage später folgte ein Hand-Röntgenbild des Elektroingenieurs **Alan Archibald Campbell-Swinton** (1863–1930), der in der Folge auch das erste Röntgeninstitut in Großbritannien eröffnete.[12] Unmittelbar nach Röntgens Entdeckung erkannte auch sein ehemaliger Student Prof. **Walter König** (1859–1936), Dozent am Physikalischen Verein in Frankfurt am Main, deren medizinische Bedeutung und richtete sofort ein Röntgenlabor ein; bald danach erstellte der Verein eine Röntgeneinrichtung im benachbarten Bürgerhospital.[13] König führte die erste Aufnahme eines Patienten am 29. Januar aus, eines Knaben, der sich an der rechten Hand eine Verletzung des zweiten Mittelhandknochens zugezogen hatte. Das Bild

9 J. M. Eder und E. Valenta, **Seefische,** 1896
J. M. Eder and E. Valenta, **Two Seafish,** 1896

ginals, to demonstrate an improvement in the technique. By February 1896, the duo had already issued a lavish publication entitled *Versuche über Photographie mittelst der Röntgen'schen Strahlen* (Experiments in Photography using Röntgen's Rays) which contained photo engravings of altogether 15 x-ray pictures and a comprehensive text about procedures and techniques.[9] It is obvious that the composition of some of the pictures was made with a view to their aesthetic impact such as plates V (*Table of Permeability of Various Substances by X-Rays*), VI (*Gold-Rimmed Cameos*), VII (*Green Lizard*), VIII (*Chameleon*), IX (*Two Sea-fish*), XI (*Common Sole*), XII (*Frogs*) and XV (*Aesculapius Snake*; fig. 9).[10]

It should not go unmentioned that medical radiology was more or less launched at the same time in Vienna as well. **Eduard Haschek** (1875–1947), Franz Exner's assistant at the 2nd Institute of Physics, and the medical student **Gustav Kaiser** (1871–1954) took the very first x-ray pictures of patients between 10 and 17 January, 1896. Among other things, they recorded a badly-healed forearm fracture, a shotgun injury and a congenital toe deformity on photographic plates. Shortly afterwards, on 23 January, 1896, the Viennese clinical weekly magazine published 'Ein Beitrag zur praktischen Verwertung der Photographie nach Röntgen' (A contribution to the practical usage of photography according to Röntgen) by Haschek and **Otto Th. Lindenthal** (1872–1947). This article also contained the world's first experimental x-ray angiography.[11]

On 11 January, 1896, the doctor **John Francis Hall-Edwards** (1858–1926) produced the first x-ray picture in England showing the location of a needle in a female patient's hand. Just two days later, a hand was x-rayed by the electrical engineer **Alan Archibald Campbell-Swinton** (1863–1930), who was later to open the first x-ray institute in Great Britain.[12] Immediately after Röntgen's discovery, his one-time student Prof. **Walter König** (1859–1936), a lecturer at the Physikalischer Verein in Frankfurt on Main, realised its medical importance and quickly set up an x-ray laboratory. Soon afterwards, the association installed x-ray equipment in Bürgerhospital nearby.[13] On 29 January, König made the first x-ray of a patient – a boy who had injured the second metacarpal bone in his right hand. The picture was taken in four minutes with the centre of the tube positioned 24cm from of the photographic plate. The nature of the injury

Eder u. Valenta

Zanclus cornutus.

Acanthurus nigros.

Versuche mit Röntgen-Strahlen

wurde mit 24 cm Abstand von der Röhrenmitte von der fotografischen Platte in vier Minuten aufgenommen, und die Art der Verletzung war deutlich zu erkennen. Ähnlich wie Eder und Valenta waren Königs Aufnahmen von überraschend hoher Qualität. Er selbst vermutete, dass dies dem Umstand zu verdanken sei, dass er als erster eine Fokusröhre benutzte, mit der man die Heizwirkung der Kathodenstrahlen auf einem Platinblech zeigen konnte. Walter König experimentierte intensiv, nahm als erster ein Zahn-Röntgenbild (seiner eigenen Zähne) auf und veröffentlichte durchaus künstlerisch anmutende Aufnahmen, wie eine *Damenhand im Handschuh mit Blumenstrauß* oder praktische, wie *Falsche und echte Perlen*, wobei König den echten Perlen höhere Durchlässigkeit attestierte. Publiziert wurden diese Arbeiten im März 1896 unter dem Titel *14 Photographien mit Röntgenstrahlen*.

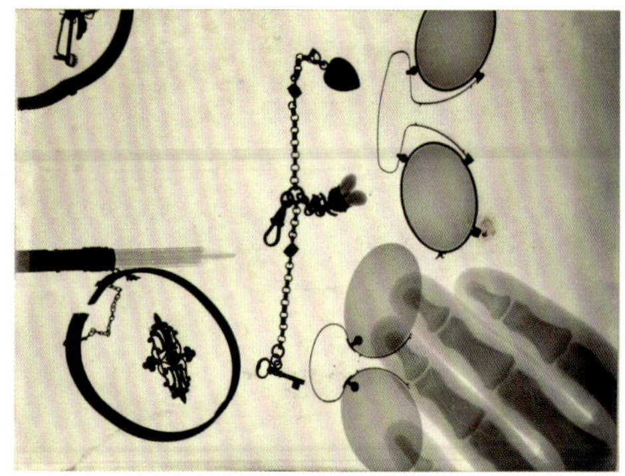

Gemeinsam mit einer ungewöhnlichen Röntgenfotografie des Dresdener Fotografen **Ernst Sonntag**, die verschiedene Schmuckgegenstände und Brillen zeigt, sind einige von Königs Aufnahmen heute auf der Tafel 137 (*1896. Graphische Darstellung durch Röntgenstrahlen*) im berühmten Dresdener Historischen Lehrmuseum für Photographie archiviert (Abb. 10).[14]

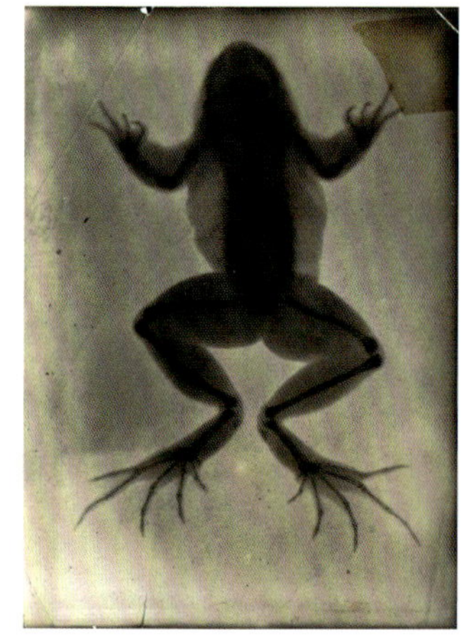

Eines der beliebtesten Motive der Anfangszeit – neben der menschlichen Hand – war der radiografierte Frosch, der sich bereits bei Röntgen selbst, aber auch bei Eder/Valenta und bei zahlreichen anderen, wie dem Physiker Sir **Franz Arthur Friedrich Schuster** (1851–1934), Professor der University of Manchester, wiederfand. Schuster war einer jener Kollegen, die Röntgen persönlich über seine Entdeckung informiert hatte, und veröffentlichte bereits am 11. Januar 1896 einen Text über Röntgenstrahlen im *British Medical Journal* (Abb. 11).[15] Der Franzose **Albert Peignot**, Laborleiter der Physik-Klasse am Pariser Conservatoire national des arts et métiers (CNAM), bildete im Juli 1896 neben Frosch und Schildkröte auch verschiedene Röntgenröhren in einer durchaus künstlerisch ansprechenden Komposition ab (Abb. 12). Ein Froschmotiv wiederum zierte schließlich auch das Titelblatt von Emmanuel Napoléon Santini de Riols *La Photographie à travers les corps opaques par les rayons électriques, cathodiques et de Röntgen* vom März 1896, die als erste – und recht kuriose – populärwissenschaftliche Abhandlung des Themas gilt und Röntgenaufnahmen vom 13. Januar 1896 enthielt (Abb. 13).[16]

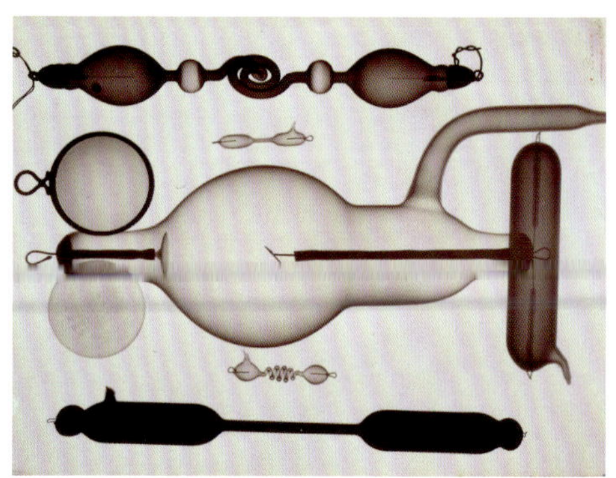

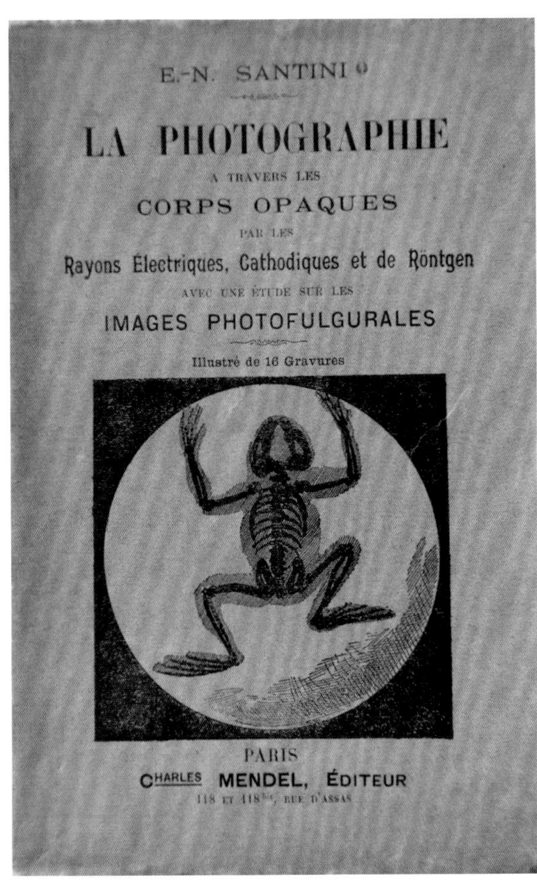

10 Ernst Sonntag, **Graphic effects caused by x-rays,**
1896, Hermann-Krone-Sammlung, Dresden
Ernst Sonntag, **Graphic effects caused by x-rays,**
1896, Hermann-Krone-Sammlung, Dresden

11 Sir Arthur Schuster, **The bones of a frog,**
viewed through x-ray, 1895
Sir Arthur Schuster, **The bones of a frog,**
viewed through x-ray, 1895

12 Albert Peignot, **verschiedene Röntgenröhren,**
Musée des arts et métiers, Paris
Albert Peignot, **various x-ray tubes,**
Musée des arts et métiers, Paris

13 Erste populärwissenschaftliche Veröffentlichung
über die Röntgenstrahlung
First popular science publication on x-rays

became clearly visible. König's x-ray pictures were of surprisingly high quality, as were those taken by Eder and Valenta. He himself assumed that this was due to his being the first to use a focal tube that showed the thermal effect of cathode rays on a platinum sheet. Walter König experimented intensively, as the first to x-ray teeth – his own – and published pictures which had a certain artistic flair, such as *Damenhand im Handschuh mit Blumenstrauß* (Lady's Hand in a Glove with Posy) or practical ones such as *Falsche und echte Perlen* (Fake and Real Pearls). König certified the real pearls to be of greater permeability. These works were published in March 1896 under the title 14 *Photographien mit Röntgenstrahlen* (14 X-Ray Photographs).

Today, some of König's photographs can be seen on board no. 137 (1896. *Graphische Darstellung durch Röntgenstrahlen*/1896. Graphic Depiction through X-Rays) in the famous Historical Teaching Museum for Photography in Dresden, together with an unusual x-ray of spectacles and various items of jewellery by the Dresden photographer **Ernst Sonntag** (fig. 10).[14]

Apart from the human hand, one of the most popular subjects in the early days was the radiographed frog that was photographed by Röntgen himself, as well as by Eder/Valenta and numerous others, including the physicist Sir **Franz Arthur Friedrich Schuster** (1851–1934), a professor at the University of Manchester. Schuster was one of Röntgen's colleagues whom he had personally told about his discovery. Schuster published an article on x-rays in the *British Medical Journal* as early as 11 January, 1896 (fig. 11).[15] Apart from frogs and turtles, the Frenchman **Albert Peignot,** the laboratory head of the physics class at the Parisian Conservatoire national des arts et métiers (CNAM), photographed various x-ray tubes in an attractive artistic composition, in July 1896 (fig. 12). Another frog motive appeared on the front page of Emmanuel Napoléon Santini de Riol's *La Photographie à travers les corps opaques par les rayons électriques, cathodiques et de Röntgen* of March 1896. This is regarded as the first, albeit rather strange, popular scientific treatment of the topic and included x-ray photos taken on 13 January, 1896 (fig. 13).[16]

Like Walter König, the Parisian company E. Ducretet & L. Lejeune certified the authenticity of precious stones. A radiography of real and fake diamonds on a brooch and earrings made the real diamonds appear

Die Echtheitsprüfung von Edelsteinen garantierte – ähnlich wie Walter König – die Pariser Firma E. Ducretet & L. Lejeune. Eine Radiografie mit echten und falschen Diamanten auf einer Spange und auf Ohrringen ließ die echten Steine transparent (weiß) erscheinen, die falschen hingegen vollkommen opak. Der Firmenchef, einer der führenden Nachrichtentechniker Frankreichs, der Erfinder und Industrielle **Eugène Adrien Ducretet** (1844–1915), konstruierte bereits 1895, wenige Wochen nach Entdeckung der Röntgenstrahlen, einen ersten eigenen Röntgenapparat.[17]

Bis zur Jahrhundertwende und darüber hinaus widmeten sich zahlreiche Ärzte und Wissenschaftler der Röntgenfotografie. Die Aufnahmen reichlich geschmückter – nicht selten „adeliger" – Hände ergaben interessante Akzente durch die Ringe und Armbänder, die auf den Röntgenaufnahmen gut zu erkennen waren. Die bekannteste ist wahrscheinlich Röntgens Aufnahme der Hand des Anatomen Geheimrat Albert von Kölliker, die im Zuge des Würzburger Vortrags am 23. Januar entstanden ist (Abb. 14). Erwähnenswert sind **H. H. Hornes** Bilder der Handgelenke des russischen Zarenpaares Nikolaus II. und Alexandra, entstanden bei einem Besuch im Winterpalast in St. Petersburg 1898, oder die Arbeiten des belgischen Naturwissenschaftlers und Mikrobiologie-Pioniers **Henri-Ferdinand van Heurck** (1838–1909), der ebenfalls bereits zwei Monate nach Röntgens Entdeckung eine Frauenhand mit Ring in hoher Qualität anfertigte.

Fische und andere Wassertiere waren ebenfalls stets wiederkehrende beliebte Motive, da sie ohne Zweifel auch ästhetisch ansprechend waren.[18] Vom künstlerischen Aspekt herausragend erscheinen heute die Arbeiten des französischen Wissenschaftlers **Louis Victor Chabaud**, der mit eigenen, nach ihm benannten Röntgenröhren arbeitete, die besonders schmal und klein waren. Auf diese Weise entstanden die spektakuläre Aufnahme eines Rochens vom Mai 1898 und vor allem die berühmte Radiografie eines Tellers mit Langusten und Besteck aus dem Jahr zuvor (Abb. 15).[19] Der Bostoner Arzt **Francis Henry Williams** (1852–1936) war im März 1896 möglicherweise der erste, der einen Fuß samt Schuh aufnahm. Die Metallösen und Nägel waren gut erkennbar.[20] Auch vom französischen Industriellen **Joseph Jougla** (1847–1927), Produzent von Fotoplatten, darunter 1907 die ersten Farbplatten überhaupt, ist ein frühes Röntgenbild mit Schuh von 1897 bekannt, außerdem eines einer Frau mit Hut aus dem gleichen Jahr.[21]

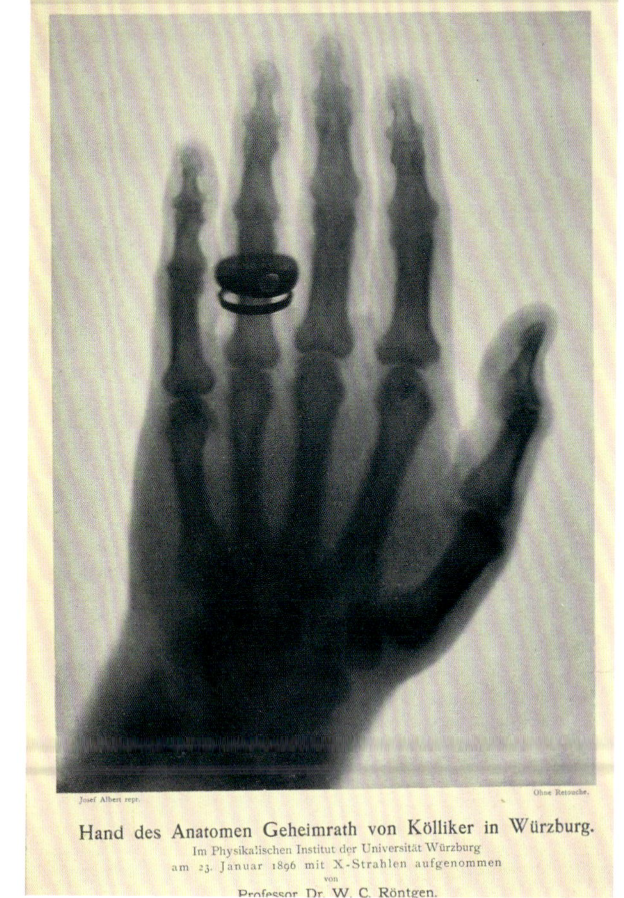

Hand des Anatomen Geheimrath von Kölliker in Würzburg. Im Physikalischen Institut der Universität Würzburg am 23. Januar 1896 mit X-Strahlen aufgenommen von Professor Dr. W. C. Röntgen.

transparent (white), whereas the fakes were totally opaque. **Eugène Adrien Ducretet** (1844–1915), the company director and one of the top telecommunications engineers at that time in France, an inventor and an industrialist, built one of the first x-ray apparatuses for private use back in 1895, just a few weeks after x-rays had been discovered.[17]

Until the turn of the century and beyond, a great number of doctors and scientists devoted their attention to x-ray photography. The photos of richly bejewelled hands – more often than not those of aristocrats – resulted in interesting details due to the rings and bracelets which could easily be seen in the x-ray photos. The best-known one is probably Röntgen's photograph of the anatomist and privy counsellor Albert von Kölliker's hand which was taken during the lecture in Würzburg on 23 January (fig. 14). In this respect it is worth mentioning **H.H. Horne's** pictures of the Russian Tsar Nicholas II's and the Tsarina Alexandra's wrists during a visit to the Winter Palace in St. Petersburg in 1898, and the work of the Belgian natural scientist and microbiology pioneer **Henri-Ferdinand van Heurek** (1838–1909) who also produced a high-quality x-ray photograph of a woman's hand with a ring just two months after Röntgen's discovery.

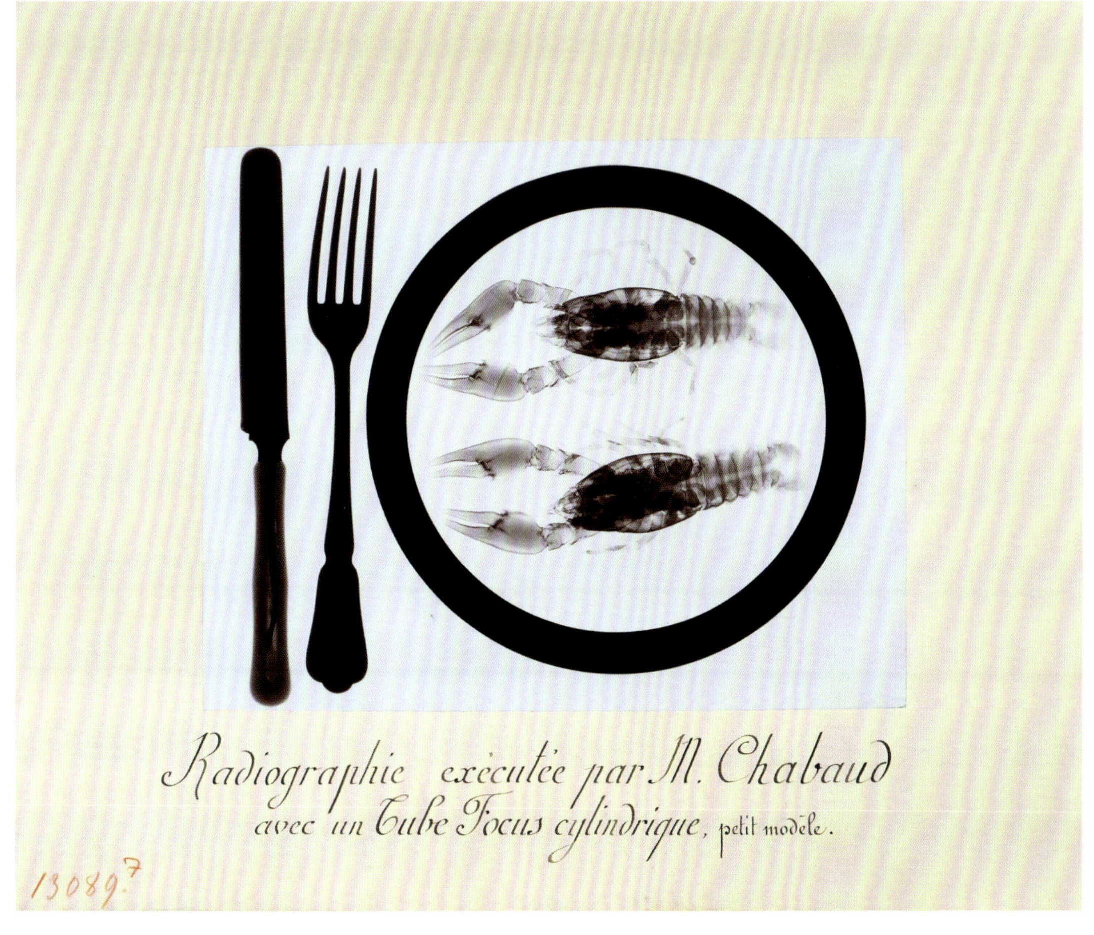

14 Röntgens Handaufnahme von Albert von Kölliker,
Deutsches Röntgen-Museum, Remscheid
Röntgen's photograph of Albert von Kölliker's hand,
Deutsches Röntgen-Museum, Remscheid

15 Victor Charbaud, **Teller mit Langusten,**
Musée des arts et métiers, Paris
Victor Charbaud, **Plate of Crayfish,**
Musée des arts et métiers, Paris

Fish and other aquatic animals were also popular and frequently used motifs due to their undoubted aesthetic appeal.[18] The work of the the French scientist **Louis Victor Chabaud**, who used his own x-ray tubes named after him, were unusually narrow and small, but today are considered exceptional from an artistic point of view. These include the spectacular picture of a ray taken in May 1898 and, above all, the famous radiography of a plate with crayfish and cutlery from the previous year (fig. 15).[19] The Boston doctor **Francis Henry Williams** (1852–1936) may have been the first person to take an x-ray photo of a foot and shoe in March 1896. The metal eyelets and nails are easily recognisable.[20] An early x-ray picture of a shoe

VON DER WISSENSCHAFT ZUR KUNST – DIE RÖNTGENFOTOGRAFIE IM WANDEL (1913–1960)

Dr. John Francis Hall-Edwards (1858–1926) wird nicht nur die erste englische Röntgenaufnahme zugeschrieben, als Fotograf und Mikrofotograf war er Ehrenmitglied der Royal Photographic Society und betrieb die Röntgenfotografie von Anfang an auch aus dem Blickwinkel des Fotografen. Bereits am 5. Februar 1896 veröffentlichte er einen ersten Text zum Thema unter dem Titel *Die Röntgenstrahlenphotographie*. Sein enthusiastisches Engagement und seine Experimentierfreudigkeit bezahlte er allerdings mit dem Verlust seines linken Arms und der Finger seiner rechten Hand, die in Folge der jahrelangen Strahlenbelastung amputiert werden mussten; diese Erfahrungen ließen ihn auch zu einem frühen Mahner für geeignete Strahlenschutzmaßnahmen werden.[22]

Im Jahr 1897 stellte Hall-Edwards für eine Werbekampagne der Firma Midland Tyre eine Röntgenaufnahme her, die die Unverwüstlichkeit der Gummireifen demonstrieren sollte. Zu sehen waren verschiedene spitze Gegenstände, die im Reifen steckten, wie Nägel aller Größen und Längen, Nadeln, Haken, Messer und eine Gabel. Aus dem heutigen Blickwinkel betrachtet stellt das Bild wohl das erste Beispiel der künstlerischen Röntgenfotografie dar, denn anders als bei allen anderen Aufnahmen in den ersten Jahren fehlt jeglicher medizinische und wissenschaftliche Zusammenhang. Da aber Gabeln üblicherweise nicht in Reifen stecken und sich auch all die anderen Dinge in der Realität nie gleichzeitig in einem Reifen verfangen, erforderte die Zusammenstellung des Gezeigten eine künstlerische Komposition (Abb. 16).[23]

1908 veröffentlichte der Franzose **Pierre Goby** eine Arbeit mit dem Titel *Microradiographie*, 1913 folgte *La microradiographie et ses applications à l'anatomie vegetale*, die unter anderem Bilder von Foraminiferen (mikroskopisch kleine, aber auch größere Meeresbewohner, die in einer großen Artenvielfalt vorkommen) zeigten, allerdings waren die Filme zu grobkörnig und die Röntgenstrahlung zu hart, um kontrastreiche Bilder zu erhalten. Außerdem fanden sich darunter die ersten Aufnahmen sogenannter floraler Radiografie, Röntgenaufnahmen eines Blattes.[24]

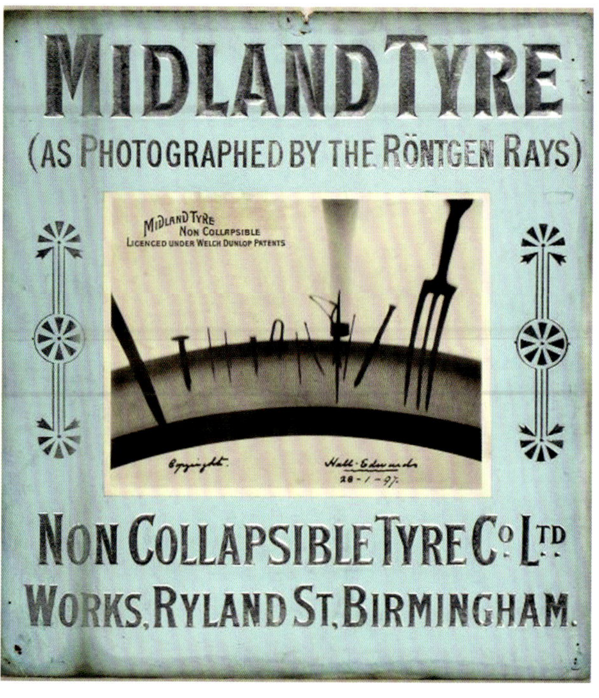

16 J. F. Hall-Edwards, **Midland Tyre**
J. F. Hall-Edwards, **Midland Tyre**

17 **Schild der Firma Müller**
Müller company sign

from 1897, taken by the French industrialist **Joseph Jougla** (1847–1927), a manufacturer of photographic plates including the first colour plates of 1907, is also known, as is a picture of a woman wearing a hat from the same year.[21]

FROM SCIENCE TO ART – X-RAY PHOTOGRAPHY THROUGH CHANGING TIMES (1913–1960)

The first English x-ray photograph is attributed to **Dr. John Francis Hall-Edwards** (1858–1926). He was an honorary member of the Royal Photographic Society in his capacity as a photographer and micro-photographer and approached x-ray photography from the very outset with a photographer's eye. On 5 February, 1896, he published his first article on the subject entitled 'Die Röntgenstrahlenphotographie' (X-Ray Photography). However, he paid for his enthusiastic commitment and his enjoyment at experimenting with the loss of his left arm and the fingers on his right hand which had to be amputated after years of exposure to radiation. This experience made him an early advocate for appropriate protection measures against radiation.[22]

In 1897 Hall-Edwards produced an x-ray photo for a Midland Tyre advertising campaign to show the robustness of the rubber tyres. It showed various pointed objects such as nails of all sizes and lengths, needles, hooks, knives and a fork sticking into a tyre. From a modern point of view this picture actually represents the first example of an x-ray art photograph as, unlike other photographs taken previously, there is no connection with medicine or science. Since, however, a fork would never actually stick in a tyre and none of the other objects would ever have been picked up at the same time, the arrangement of the objects shown can be seen as an artistic composition (fig. 16).[23]

In 1908, the Frenchman **Pierre Goby** published an article entitled 'Microradiographie', followed by 'La microradiographie et ses applications à l'anatomie vegetale' in 1913 with pictures of *Foraminifera* (a richly diverse species of miscroscopic and slightly larger marine organisms), among others. However, the films

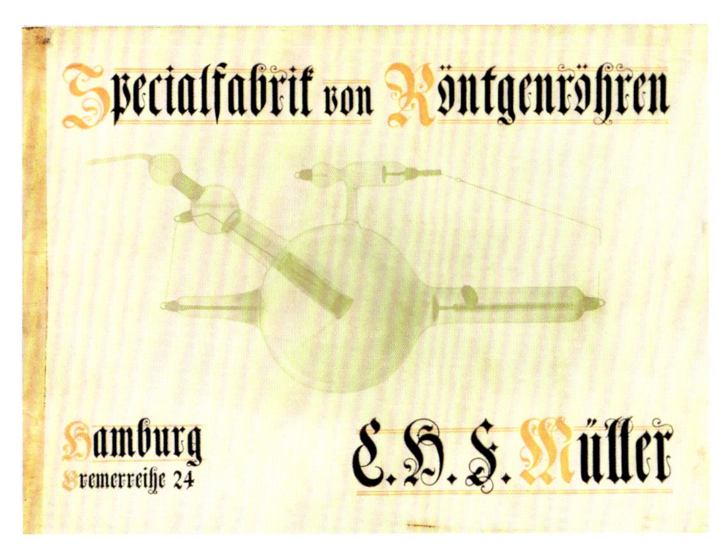

Für die ersten Röntgenaufnahmen von Blumen zeichnete schließlich Hall-Edwards verantwortlich. Im Rahmen der 59. Jahresausstellung der Royal Photographic Society zeigte er unter dem Titel *Radiography of Flowers* im Jahr 1914 Röntgenaufnahmen, die er mit einer alten wassergekühlten Müller-Röhre anfertigte (Abb. 17), die Blumen auf einer rund 90 cm entfernten Platte arrangierte, bei einer Minute Belichtungszeit.[25]

Es sollte aber bis Anfang der 1930er-Jahre dauern, bis erstmals tatsächlich von Kunst im Zusammenhang mit Röntgenfotografie die Rede war. Die Titelseite der Ausgabe des *Science News Letter* vom 10. Oktober 1931 schmückte eine Röntgenaufnahme einer Calla, die Ausgabe derselben Zeitschrift vom 10. Oktober 1936 das Blatt einer Wasserlilie. Beide Röntgenbilder stammten von **Hazel Engelbrecht**, einer Radiologin, die in den Texten der Zeitschriften als Künstlerin („Artist") bezeichnet wird, deren Hobby es sei, Röntgenaufnahmen von besonders beeindruckender Schönheit zu machen, und deren bildliche Kompositionsgabe besonders zu loben sei – Kunst in ihrem eigentlichen Sinne („art in its true sense").[26]

Dain L. Tasker (1872–1964) gilt als Pionier der Osteopathie und der künstlerischen Röntgenfotografie gleichermaßen. Er verfasste 1901 das erste Standardwerk dieser Alternativmedizin auf wissenschaftlicher Basis. Tasker war später Chef-Radiologe am Wilshire Hospital in Los Angeles, beschäftigte sich als Amateurfotograf ab etwa 1930 zunehmend mit Röntgenfotografie von Blumen und zeigte seine Arbeiten in den 1930er-Jahren bereits in mehreren Ausstellungen. Gefördert wurde er von Will Connell, einem bekannten kalifornischen Fotografen, wodurch seine Arbeiten daraufhin in den Zeitschriften *U. S. Camera* (Oktober 1939) und *Popular Photography* (März 1942) erschienen. „Blumen sind der Ausdruck des Liebeslebens der Pflanzen" („Flowers are the expression of the love life of the plants"), schrieb Tasker einmal, und seine Arbeiten wurden für ihre Schönheit hoch geschätzt: minimalistisch, klar, fast geisterhaft anmutend und doch immer wieder gepaart mit einer mal geheimnisvollen, mal deutlicheren Erotik. Heute zählen die Werke des ersten echten Röntgenfotografie-Künstlers zu den teuersten Werken dieser Gattung und erzielen regelmäßig Spitzenpreise von bis zu 25 000 Dollar bei Auktionen. Zu den bemerkenswertesten Arbeiten zählt sicher das Bild *Dance of the Daffodils* aus dem Jahr 1933, das eine tanzende schwarze Frauensilhouette mit wallendem Gewand vor drei durchleuchteten Narzissen zeigt.[27]

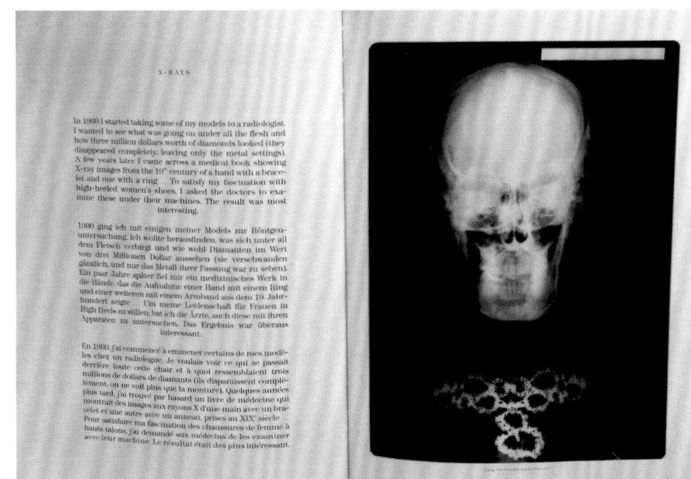

were too grainy and the x-rays too powerful to produce photos rich in contrast. The photos also included the first so-called floral radiographic images with x-ray photographs of a leaf.[24]

Hall-Edwards is also credited with the first x-ray photographs of flowers. At the 59th annual exhibition of the Royal Photographic Society in 1914 he showed his 'Radiography of Flowers', x-ray photographs he had taken with an old, water-cooled Müller tube (fig. 17) with the flowers arranged on a plate about 90cm away and with an exposure time of one minute.[25]

It was not until the beginning of the 1930s, however, that the term 'art' was used in connection with x-ray photography. The x-ray photograph of a calla lily appeared on the front cover of the *Science News Letter* of 10 October, 1931. The issue of the same magazine on 10 October, 1936, showed a waterlily leaf. Both x-ray photos were taken by **Hazel Engelbrecht**, a radiologist, referred to as an artist in the magazine, whose hobby was to produce x-ray photographs of particularly impressive beauty and whose talent for composition in her pictures was to be praised – "art in its true sense".[26]

Dain L. Tasker (1872–1964) is considered a pioneer of osteopathy as well as of x-ray art photography. In 1901 he wrote the first standard work with a scientific basis on this alternative medical practice. Later, Tasker was the senior radiologist at Wilshire Hospital in Los Angeles, became increasingly involved as an amateur photographer from about 1930 onwards in the x-ray photography of flowers and exhibited his work in the 1930s on several occasions. He was supported by Will Connell, a well-known Californian photographer who arranged for Tasker's work to appear in the magazines *U.S. Camera* (October 1939) and *Popular Photography* (March 1942). Once Tasker wrote: "Flowers are the expression of the love life of the plants". His work was highly regarded for its beauty: minimalistic, clear, almost supernatural in appearance and yet always combined with sometimes myterious and other times clearly perceptible eroticism. Today, the works of this first true x-ray photographic artist are among the most expensive in this genre, regularly reaching top prices of up to 25,000 dollars at auctions. One of his most astonishing pictures is certainly *Dance of the Daffodils* from 1933 that shows the black silhouette of a woman dancing in a flowing gown in front of three x-rayed daffodils.[27]

18   Helmut Newton, **Juwelen von Van Cleef**
     Helmut Newton, **Jewels from Van Cleef**

EXPOSÉ: VON DADA BIS ZUR POP-ART –
BERÜHMTE KÜNSTLER UND DIE RÖNTGENFOTOGRAFIE

Man Ray (1890–1976), der wohl legendärste Fotokünstler, wird manchmal mit der Röntgenfotografie in Verbindung gebracht, ohne diese jemals betrieben zu haben. Grund dafür ist die Tatsache, dass er die für seine Fotogramme verwendete Technik in Anlehnung an seinen Namen „Rayographie" und das Ergebnis „Rayogramm" nannte. Die ersten Fotogramme – das Fotografieren ohne Kamera, bei dem Gegenstände auf lichtempfindlichem Papier komponiert und belichtet wurden – entstanden lange bevor Ray sich damit Anfang der 1920er-Jahre beschäftigte; er perfektionierte diese Kunst allerdings auf höchstem Niveau.[28]

Anders gelagert ist die Sache bei **Robert Rauschenberg** (1925–2008). Der Maler, Fotograf, Grafiker und Objektkünstler gilt als Pionier der Pop-Art, kombinierte und experimentierte gerne mit verschiedenen Techniken und verwendete 1967 für das Hauptbild eines seiner berühmtesten Werke, *Booster*, eine lebensgroße Röntgenaufnahme von sich selbst, die er mit verschiedenen Zeitungsausschnitten, Bildern etc. zu einem neuen Ganzen komponierte, um schließlich in einer Verknüpfung von Lithografie und Siebdruck den damals größten Druck mit außerordentlich herausragender Qualität auf Planpapier zu erhalten. Das Werk zählt bis heute zu den berühmtesten Drucken aller Zeiten – und es ist vielleicht kein Zufall, dass eine Röntgenaufnahme dabei eine entscheidende Rolle spielt, wenn *Booster* auch Rauschenbergs einziges Rendezvous mit der Röntgenfotografie blieb.[29]

Der gebürtige Berliner **Helmut Newton** (1920–2004) startete seine Karriere als Fotograf in den 1950er-Jahren und war ohne Zweifel einer der weltweit begehrtesten Mode-, Werbe-, Porträt- und Aktfotografen. Im Zusammenhang mit unserem Thema, der künstlerischen Röntgenfotografie, ist er wohl nach wie vor der berühmteste Proponent, wenn er auch nur eine Handvoll Röntgenarbeiten geschaffen hat.

Für den Pariser Juwelier Van Cleef fertigte Newton – angeregt durch eine Röntgenuntersuchung – im Jahr 1979 erstmals und später 1994 Röntgenfotografien einiger Models an, um schließlich zu denselben Erkennt-

Man Ray (1890–1976) is perhaps the most legendary photographic artist and is sometimes linked to x-ray photography, although he never actually practised it. The reason for this is that he called the technology he used for his photograms 'rayography' and the results 'rayograms', based on his own name. The first photograms – photos taken without a camera with the objects arranged and pictured on light-sensitive paper – emerged long before Man Ray used this technique at the beginning of the 1920s. He, however, perfected this art at the highest possible level.[28]

With **Robert Rauschenberg** (1925–2008) the situation is totally different. The painter, photographer, draughtsman and object artist is considered a pioneer of Pop Art who enjoyed combining and experimenting with different techniques. In 1967 he used a life-sized x-ray photo of himself for the main picture of one of his most famous works *Booster*, composing a completely new image with newspaper cuttings, pictures, etc. Using a combination of lithography and silk-screen printing techniques he then made the largest print at that time of extraordinarily brilliant quality on graph paper. To this day, this work is among the most famous prints of all times – and it is perhaps no coincidence that an x-ray photo played a decisive role, even if *Booster* were to remain Rauschenberg's only brush with x-ray photography.[29]

Helmut Newton (1920–2004), who was born in Berlin, started his career as a photographer in the 1950s and was undoubtedly one of the most sought-after fashion, advertising, portrait and nude photographers in the world. As regards the subject of x-ray art photography, he is certainly its most famous proponent, although he only actually took a limited number of x-ray photos.

Inspired by a radiological examination, Newton took a few x-ray photographs of models for the Parisian Jeweller Van Cleef in 1979, for the first time, and then again in 1994, only to come to the the same conclusion as the x-ray pioneers 100 years before him. Newton had seen their photos of hands with rings and bracelets and paraphrased them in a spectacular way. His skull and necklace and his

nissen zu gelangen, wie die Röntgenpioniere 100 Jahre vor ihm. Newton kannte auch deren Bilder von Händen mit Ringen und Armreifen und paraphrasierte sie auf spektakuläre Art. Sein Schädel mit Halsband und die ausgestreckte Hand mit einem Armband, die zuletzt 22 500 Dollar bei einer Auktion erzielte, erregten ebenso Aufsehen wie Röntgenfotografien, die Füße und Schuhe zeigten und die unter anderem auch für eine Karl-Lagerfeld-Werbekampagne verwendet wurden.[30] (Abb. 18)

DIE ZEITGENÖSSISCHE KÜNSTLERISCHE RÖNTGENFOTOGRAFIE (1960–2012)
DIE FLORA – ODER DIE FASZINATION DES MIKROKOSMOS

Die faszinierenden frühen Röntgenaufnahmen der Flora begeisterten schon die oben erwähnten Pioniere in den ersten Jahrzehnten des 20. Jahrhunderts, und Dain L. Tasker setzte für das unerschöpfliche Thema Blumen eine bis heute gültige Qualitätsmarke, an der sich alle nachfolgenden Künstler messen. Just in dem Jahr, als Tasker seinen 90. Geburtstag beging, startete einer der prominentesten Vertreter der floralen Röntgenfotografie seine Karriere – eine Stabübergabe mit weitreichenden Folgen!

Albert G. Richards (1917–2008) wurde in Chicago geboren und war im bürgerlichen Beruf Universitäts-Professor für Zahnheilkunde an der University of Michigan. Früh von seinem Vater, einem professionellen Fotografen, inspiriert, brachte sich Richards im Zuge seiner Ausbildung in den 1940er-Jahren die Technik des Zahn-Röntgens als Autodidakt selbst bei und wurde einer der weltweit bedeutendsten Autoritäten auf diesem Gebiet. 1960, ein Jahr nach seiner Berufung zum Professor, kaufte Richards ein Bund Narzissen und fertigte seine ersten Röntgenfotografien an. 1962 wurden seine Arbeiten mit Blumen – die er auch im Unterricht zum besseren Verständnis der Röntgenfotografie verwendete – erstmals im *National Geographic Society School Bulletin* abgebildet. Im Jahr darauf gab der Künstler im *Michigan Botanist* bereits ein Interview zum Thema *Floral radiography is my hobby*; in der Folge wurden seine Werke in Ausstellungen und Publikationen gewürdigt. Anfang der 1980er-Jahre war er der erste, der Stereo-Röntgenaufnahmen von Blumen anfertigte. In Veröffentlichungen bemerkt Richards, dass man Blumenbilder nicht mit medizini-

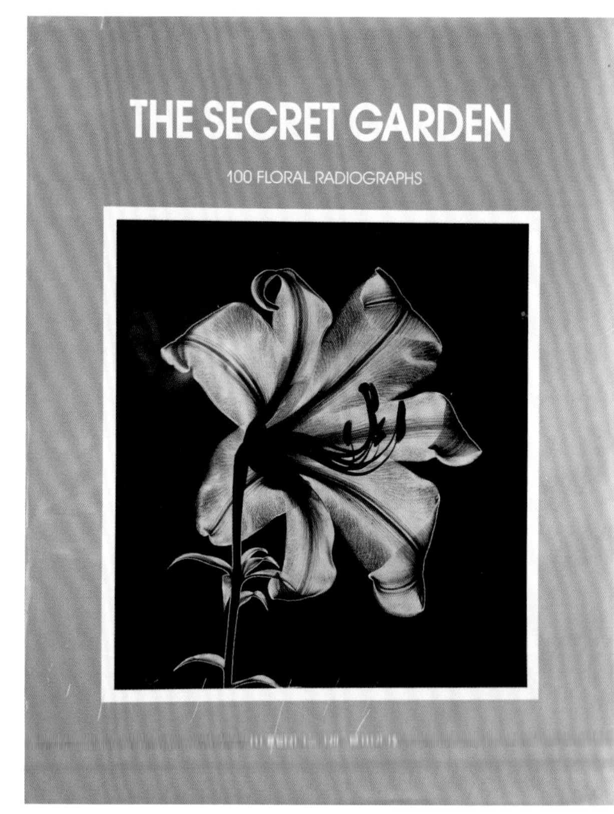

19 Albert G. Richards, **The Secret Garden**
Albert G. Richards, **The Secret Garden**

stretched out hand and bracelet – which last fetched $22,500 at auction – caused a great sensation as did his x-ray photos of feet and shoes which were used for a Karl Lagerfeld advertising campaign, among others (fig. 18).[30]

CONTEMPORARY X-RAY ART PHOTOGRAPHY (1960–2012)
FLORA – OR THE FASCINATION OF THE MICROCOSM

During the early 20th century the pioneers mentioned above enthused about the fascination flora held for x-ray photographers. Dain L. Tasker set a quality benchmark for the inexhaustible subject of floral photography that still applies today and against which all subsequent artists have been compared. In the very year Tasker celebrated his 90th birthday, one of the most prominent representatives of floral x-ray photography launched his career – a passing of the baton with far-reaching consequences.

Albert G. Richards (1917–2008) was born in Chicago and was professor of dentistry at the University of Michigan. Inspired at an early age by his father, a professional photographer, Richards later taught himself the technique of dental x-raying in the course of his training in the 1940s and became one of the leading authorities in this field worldwide. In 1960, one year after being appointed professor, Richards bought a bunch of daffodils and took his first x-ray photos. His flower photos, which he also used in his lectures to help make x-ray photography easier to understand, were shown in the *National Geographic Society School Bulletin* for the first time in 1962. In the following year the artists's interview 'Floral Radiography is my Hobby' was printed in the *Michigan Botanist* which, in turn, led to his work being recognised in exhibitions and publications. At the beginning of the 1980s he was the first to take stereo-x-rays of flowers. In his publications Richards mentioned that his photos of flowers were not taken using medical or dental appliances but with a long exposure at only 20–30kV and with a beryllium filter. His book *The Secret Garden. 100 Floral Radiographs* was published in 1990 and is still one of the standard works on floral x-ray art photography today (fig. 19).[31]

schen Geräten oder Dentalgeräten macht, sondern mit langer Belichtung und Berylliumfilter mit nur 20 bis 30 KV. 1990 erschien schließlich sein Buch *The Secret Garden. 100 Floral Radiographs*, das heute eines der Standardwerke der künstlerischen floralen Röntgenfotografie ist (Abb. 19).[31]

Albert Koetsier (*1942) ist gebürtiger Niederländer und arbeitete nach seiner Ausbildung zum Elektroingenieur an der Universität Hilversum bei Philips Medical Systems als Röntgentechniker. Koetsier interessierte sich schon im Kindesalter für Fotografie und baute sich als Achtjähriger eine erste eigene Kamera. 1969 führte ihn sein Beruf just nach Würzburg, wo er in einer Arztpraxis einen Kalender mit Blumen-Röntgenfotos sah. Der Wunsch, diese Fototechnik auszuprobieren, war geweckt; es sollte aber noch Jahrzehnte dauern, bis Koetsier – mittlerweile in Kalifornien wohnhaft und Besitzer eines eigenen antiquarischen Röntgengeräts – im Jahr 1990 seine erste Röntgenaufnahme verwirklichen konnte. Das Bild einer Eidechse aus seinem Garten erachtete Koetsier im Jahr darauf als das erste, das auch einem kritischen künstlerischen Standpunkt genügen könnte, und 1995 – zum 100jährigen Jubiläum der Entdeckung der Röntgenstrahlen – folgte die erste professionelle Ausstellung im UCR / California Museum of Photography. Eine beeindruckende Übersicht und einen umfassenden Eindruck über das Werk des 2012 80jährigen Künstlers gibt das im Vorjahr erschienene Buch *Beyond Light. X-Ray Photography of Nature*, das 160 Arbeiten zeigt – Kompositionen von Blumen, aber auch von Blättern, Muscheln und anderen Meeresbewohnern in Schwarz-Weiß und Pastelltönen –, denen Textpassagen bekannter Autoren gegenübergestellt sind (Abb. 20, 21).[32]

Steven N. Meyers (*1951) kam erstmals mit der Röntgenfotografie zu Beginn seiner Ausbildung zum Röntgenassistenten 1971 in Kontakt. Diese „fotografische" Arbeit weckte sein Interesse, und in den späten 1970er-Jahren begann er sich auf farbenprächtige Landschaftsbilder und Naturfotografie zu spezialisieren, um dem alltäglichen Schwarz-Weiß („daily world of black and white") zu entfliehen. 1975 experimentierte Meyers erstmals mit floraler Röntgenfotografie, ein frühes Bild dieser Zeit zeigt eine Vase mit Blumen. Mitte der 1980er-Jahre weckte ein Artikel von Bert Myers die Erinnerung an diese ersten Gehversuche, doch erst über zwei Jahrzehnte nach seiner ersten Blumenaufnahme begann Steven N. Meyers, sich ernsthaft mit künstlerischer Röntgenfotografie zu beschäftigen. Er fertigte Blumenbilder an, weil sie besonders

20 Albert Koetsier, **Leaves**
Albert Koetsier, **Leaves**

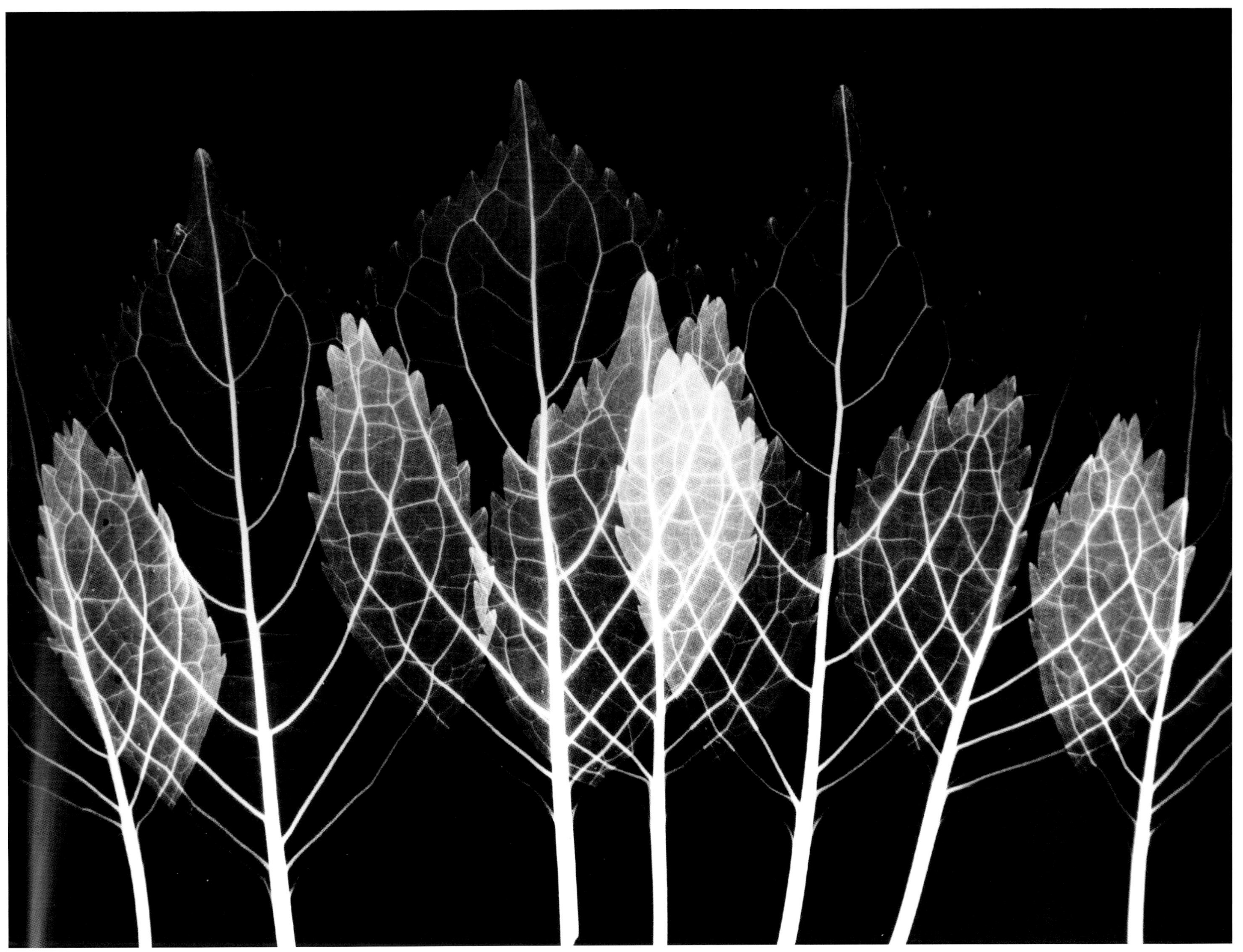

populär waren, verkaufte sie an einem Straßenstand vor dem Metropolitan Museum in New York, eine eigene Homepage wurde angelegt, und die ersten Ausstellungen in Denver folgten. Im Laufe der Jahre perfektionierte Meyers – der nebenher auch großartige klassische Fotografien in Schwarz-Weiß macht – seine Methode. In seinen Blumenbildern hat er eine seltene Perfektion erreicht, darüber hinaus zeichnen surreale und überraschende Momente seine Kompositionen, die allesamt in Schwarz-Weiß gehalten sind. Mit der Serie *Beyond the garden* hat Steven N. Meyers neue Wege beschritten, mixt Stoffe, Blätter, Blumen etc. und kreiert einzigartige fantastische virtuelle Röntgenlandschaften.[33]

BLUMEN, MUSCHELN & CO.

Die Biografien der Menschen, die sich mit künstlerischer Röntgenfotografie beschäftigen, weisen zahlreiche Parallelen auf. Oft sind es Ärzte, Radiologen oder Röntgentechniker, deren beruflicher Alltag mehr oder weniger von der Röntgenfotografie geprägt ist oder war und die – nicht selten erst in der Pension – aus ihrem Hobby eine Passion machten. Fast alle sind von früher Jugend an auch begeisterte Fotografen. Ergänzend zu den oben bereits vorgestellten prominenten Vertretern der floralen Röntgenfotografie-Kunst seien hier noch weitere Künstler erwähnt, zu deren vorrangigen Motiven neben Blumen meist Muscheln, diverse Meeresbewohner, aber hin und wieder auch andere Objekte zählen.

Der pensionierte Chirurg **Bert Myers** beschäftigte sich früh mit Fotografie, besuchte 1972 einen Workshop beim legendären amerikanischen Fotografen Ansel Adams und kam im Zuge wissenschaftlicher Studien bereits Anfang der 1970er-Jahre mit der Röntgenfotografie in Kontakt. Myers studierte mittels Mikroangiografie die Gefäßneubildung einer heilenden Wunde. Die Bilder erinnerten ihn an abstrakte Gemälde, und dieser Umstand wiederum regte ihn an, künstlerische Röntgenbilder von Blumen und Muscheln anzufertigen. Bereits 1983 veröffentlichte Myers einen Text zum Thema Künstlerische Röntgenfotografie (*Radiography for Art's Sake*). In den späten 1980er-Jahren tönte Myers seine Bilder, die ursprünglich alle in Schwarz-Weiß gehalten waren, mittels spezieller Farbfilter, und aktuell entstehen alle Bilder digital und

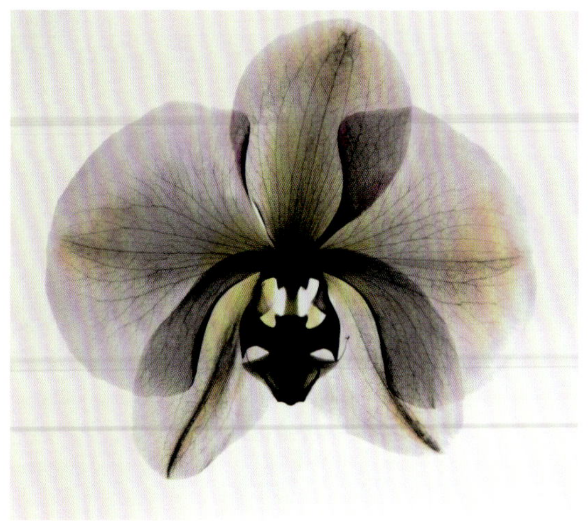

21 Albert Koetsier, **Orchid**
Albert Koetsier, **Orchid**

Albert Koetsier (*1942) was born in the Netherlands and worked as an x-ray technician for Philips Medical Systems after studying electrical engineering at the University of Hilversum. He has been interested in photography since his childhood and, at the age of eight, even built his own camera. In 1969 his job took him to Würzburg where, in a doctor's practice, he spotted a calendar with x-ray photos of flowers, triggering an urge to experiment with this photographic technique. However, it was to be decades before Koestier took his first x-ray photograph in 1990, by which time he was living in California and was the proud owner of an antique x-ray machine. Koetsier considered a photo of a lizard taken one year later in his garden as the first that could be good enough to meet critical artistic appraisal and, in 1955 – on the 100th anniversary of the discovery of x-rays – he staged his first professional exhibition at the UCR/California Museum of Photography. *Beyond Light. X-Ray Photography of Nature*, published last year, provides an impressive overview and a comprehensive insight into the work of the artist who turned 80 in 2012. The 160 photos shown include arrangements of flowers as well as leaves, shells and other sea creatures in black and white and pastel colours, together with texts by well-known authors (figs 20, 21).[32]

Steven N. Meyers (*1951) first encountered x-ray photography at the beginning of his training to be an x-ray assistant in 1971. The 'photographic' aspect awakened his interest. In the late 1970s he began specialising in boldly coloured landscapes and nature studies to flee from 'the daily world of black and white'. In 1975 Meyers experimented with floral x-ray photography for the first time, an early photo from this period depicting flowers in a vase. In the mid-1980s an article by Bert Myers reminded him of his first photographic attempts; however, more than 20 years were to go by after his first flower photo before Steven N. Meyers began seriously working with x-ray art photography. He took photos of flowers as these were extremely popular and sold them at a street stall outside the Metropolitan Museum in New York. A website was set up and his first exhibitions in Denver followed. Over the next few years Meyers perfected his technique whilst continuing to produce superb, classical black-and-white photos. He achieved an unusual degree of perfection in his flower pictures with his compositions – all of which are in black and white – being characterised by surreal and surprising moments. In his series 'Beyond the Garden', Meyers experiments with new techniques, mixing fabrics, leaves and flowers, etc., creating unique and imaginative virtual x-ray landscapes.[33]

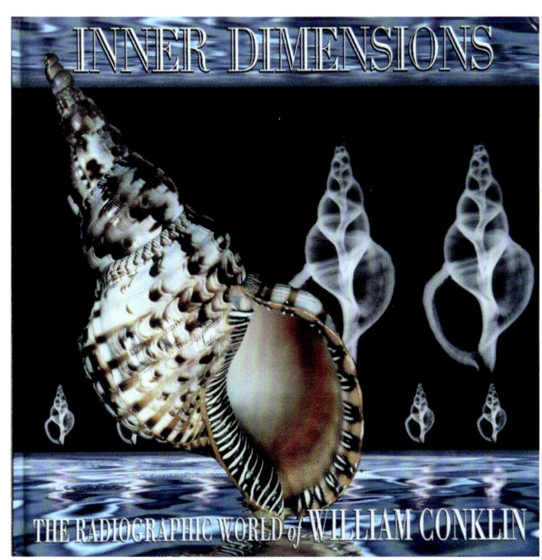

22 William Conklin, **Inner Dimensions**
William Conklin, **Inner Dimensions**

die Farben am Computer. Neben den klassischen Motiven produziert Bert Myers auch sogenannte Montagen, Mischungen aus Röntgenbildern und realen Fotografien, manchmal auch Sandwich-Bilder genannt, und daneben auch noch konventionelle Bilder. 2007 erschien sein Buch *Inner Beauty of Nature*, das auch einige Arbeiten anderer Röntgenfotografie-Künstler enthält.[34]

Neben Myers erwähntem Text gibt es nur wenige relevante historische Aufsätze, die sich mit den künstlerischen Aspekten der Röntgenfotografie auseinandersetzen. Die Wissenschaftler H. F. Sherwood und H. E. Seemann publizierten 1963 einen Text über florale Radiografie (*The Radiography of Flowers*), genau 40 Jahre später erschien **Merrill C. Raikes'** Artikel zum selben Thema (*Floral Radiography: Using X-Rays to Create Fine Art*). Der pensionierte Radiologe begann im Jahr 2000 mit floraler Röntgenfotografie. *Floral Radiography – The Inner Beauty of Flowers* war auch der Titel einer seiner letzten Ausstellungen im botanischen Garten des Smith College in Massachusetts im Jahr 2010.[35]

Zu den Künstlern, die in den 1970er-Jahren starteten, zählt auch **William Anthony „Bill" Conklin** (1926–2006), Lehrer und Direktor der Röntgentechnik-Schule in Orangeburg/South Carolina. Seine erste Röntgenfotografie einer Muschel entstand 1976. Conklin besaß eine außerordentliche Sammlung Hunderter Muscheln, die er sowohl klassisch als auch mit Röntgentechnik fotografiert hat. In seinem Buch *Inner Dimensions* aus dem Jahr 1995 werden diese Arbeiten verschiedenen Gedichten gegenübergestellt, die sich allesamt mit Muscheln beschäftigen (Abb. 22).[36]

Schon Mitte der 1960er-Jahre machte **Don Dudenbostel** (*1948) – Fotojournalist und seit 1971 Profi-Fotograf – seine ersten Erfahrungen mit Röntgenfotografien im Zuge eines High-School-Experiments. Schon sein Vater und sein Großvater waren begeisterte Fotografen. Dudenbostels Fotos erschienen ab 1969 im *Esquire*-Magazin, später in *Newsweek*. 1975 studierte er bei dem berühmten Ansel Adams. In seiner künstlerischen Röntgenfotografie beschäftigt er sich vorrangig mit Blumen und Muscheln, unter dem Motto gefundene Objekte, aber auch mit anderen Themen. Seine Arbeiten kann man regelmäßig auf Ausstellungen und auf seiner Homepage bewundern (Abb. 23, 24).[37]

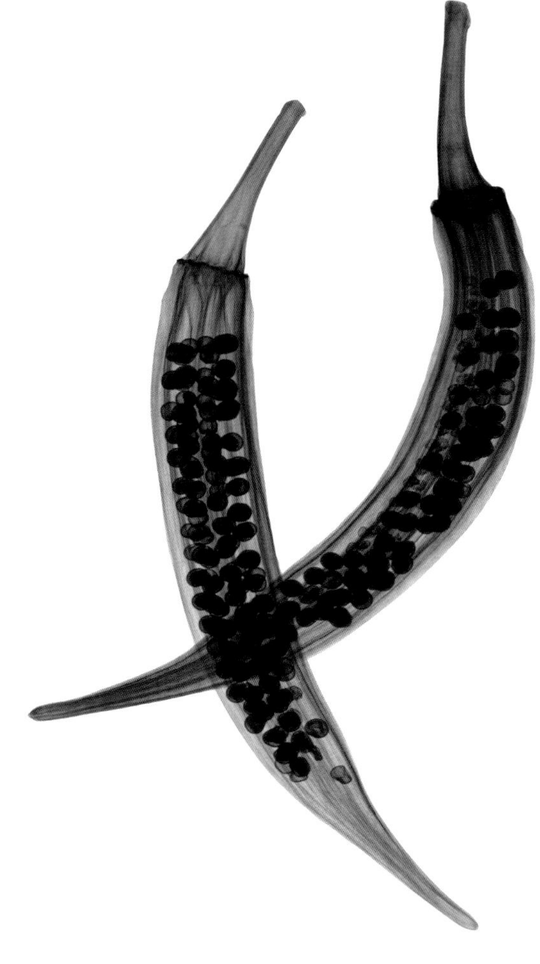

23 Don Dudenbostel, **Okra 1**
Don Dudenbostel, **Okra 1**

24 Don Dudenbostel, **Star Shell**
Don Dudenbostel, **Star Shell**

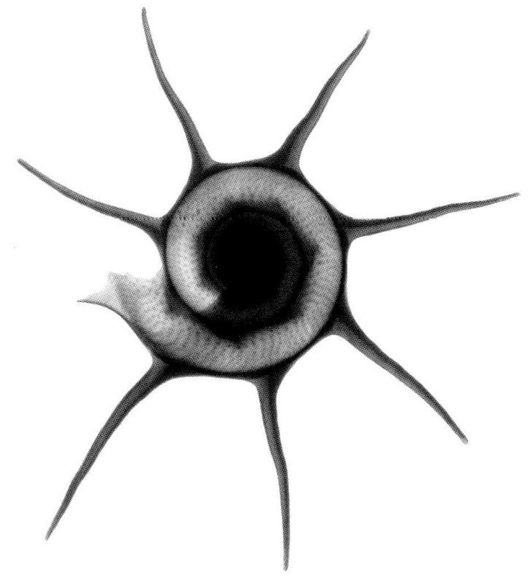

FLOWERS, SHELLS & CO.

The biographies of those working in the field of x-ray art photography show many similarities. They are often doctors, radiologists or x-ray technicians whose everyday life is or was determined by x-ray photography which turned their hobby into a passion – not seldom only after they had retired. In addition to the prominent representatives of floral x-ray art photography already discussed, threre are also other artists who should be mentioned whose favourite subjects were flowers, shells and a variety of sea creatures as well as other objects.

Bert Myers, a retired surgeon, had been interested in photography from an early age. He had come into contact with x-ray photography in the early 1970s through his scientific studies and, in 1972, attended a workshop held by the legendary American photographer Ansel Adams. By means of microangiography Myers studied the vascularisation of a healing wound. The pictures reminded him of abstract paintings and this, in turn, inspired him to take artistic photos of flowers and shells. In 1983 Myers published an article 'Radiography for Art's Sake' dealing with x-ray art photography. In the late 1980s Myers tinted his pictures which were originally in black and white, using special colour filters. Currently all pictures are produced digitally with colour being added by computer. Apart from classical motifs Bert Myers also produces so-called *montages* – mixtures of x-rays and real photographs, sometimes referred to as sandwich photos, as well as conventional pictures. His book *Inner Beauty of Nature: X-Ray Photography*, published in 2007, also includes works by other x-ray photography artists.[34]

Apart from Myers' publications, there are few pertinent essays which deal with the artistic aspect of x-ray photography throughout history. In 1963 the scientists H.F. Sherwood and H.E. Seemann published an article on floral radiography – 'The Radiography of Flowers'. Exactly 40 years later, **Merrill C. Raikes**' article on the same topic – 'Floral Radiography: Using x-rays to Create Fine Art' – appeared. The retired radiologist started floral radiography in 2000. *Floral Radiography – The Inner Beauty of Flowers* was the title of his exhibition in the botanical garden at Smith College in Massachusetts in 2010.[35]

Die Fotografen **Sonny Randon** (*1938), **Leslie Wright**, **Judith K. McMillan** (*1945) und **George Taylor** beschäftigen sich neben dokumentarischer und klassischer Fotografie auch mit künstlerischer Röntgenfotografie und präsentieren ihre Arbeiten (Blumen, Muscheln, diverse Objekte; Abb. 25, 26) ebenso wie **George
Green** oder **Chris Thorn** (*1948) auf ihren Homepages. Teilweise kann man die Werke dieser und anderer
Künstler direkt über das Internet käuflich erwerben. Außer Thorn sind übrigens alle bisher in diesem Kapi-
tel erwähnten Künstler Amerikaner. Der Röntgenassistent aus Bristol/England beschäftigt sich seit 1968
mit der Materie; neben Blumen und diversem Meeresgetier findet sich aber auch schon mal eine Harley, ein
Torso in Unterwäsche oder ein alter Leinensack in seiner Röntgenkunst (Abb. 27).[38]

DER MAKROKOSMOS – ODER DIE INTERNATIONALISIERUNG
DER KÜNSTLERISCHEN RÖNTGENFOTOGRAFIE

Letztlich ist bis heute die Zahl jener Menschen, die sich ernsthaft und konsequent mit künstlerischer
Röntgenfotografie auseinandersetz(t)en, relativ überschaubar geblieben. Dieser Umstand ist sicher der
Tatsache geschuldet, dass die Beschäftigung mit dem Thema einerseits großes Spezialwissen voraus-
setzt und andererseits sehr kostenintensiv ist. Interessant ist, dass die „klassischen" Themen wie Blumen
und Muscheln fast ausschließlich von US-amerikanischen Künstlern und Engländern behandelt wurden
und werden. Erst in den 1980er- und 1990er-Jahren setzte eine Internationalisierung ein, die auf der einen
Seite eine breitere Vielfalt an Themenbereichen mit sich brachte und andererseits dazu führte, dass die
künstlerische Röntgenfotografie einem zunehmend größer werdenden Publikum ein Begriff wurde. Die
erste Gruppe der Künstler, die in der Folge vorgestellt werden, besteht großteils aus Fotografen, für die
die Röntgenfotografie nur eine der Sparten ihrer Arbeit darstellt.

Der Schweizer Psychotherapeut **Nick Blaser** (*1955), geboren in Venezuela, aufgewachsen in den Nie-
derlanden und seit 1983 als Arzt tätig, war schon in den 1980er-Jahren neben seinem Beruf als Fotograf
künstlerisch tätig. 1989 veröffentlichte er einen schmalen Band unter dem Titel *Roentgenkunst. X-Ray Art*,

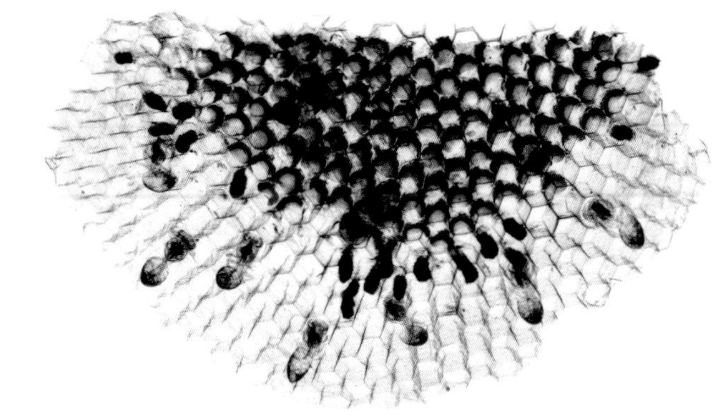

25 Leslie Wright, **Bienen und Waben**
    Leslie Wright, **Bees and Honeycombs**

26 Judith K. McMillan, **Solomon's Seal**
    Judith K. McMillan, **Solomon's Seal**

27 Chris Thorn, **Tulips X-Ray**
    Chris Thorn, **Tulips X-Ray**

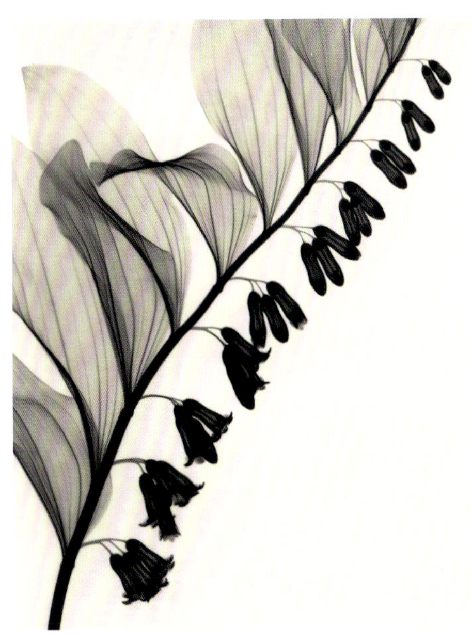

William Anthony 'Bill' Conklin (1926–2006), a teacher and director at the x-ray technology college in Orangeburg, South Carolina, was one of the artists who began working in the 1970s. His first x-ray photo of a shell was taken in 1976. Conklin owned an extraordinary collection of hundreds of shells of which he took both traditional and x-ray photos. In his book *Inner Dimensions* of 1995, these photos are presented alongside poems which all deal with shells (fig. 22).[36]

Don Dudenbostel (*1948), a photo journalist and a professional photographer since 1971, first came into contact with x-ray photography in the mid-1960s as part of a high-school experiment. Both his father and grandfather were enthusiastic photographers. From 1969 onwards, Dudenbostel's photos appeared in the magazine *Esquire* and later in *Newsweek*. In 1975 he was a student of the famous photographer Ansel Adams. His x-ray art photography mainly centres on flowers and shells – under the heading of *objets trouvés* – as well as other subjects. His work can regularly be viewed and admired at exhibitions and on his website (figs 23, 24).[37]

The photographers **Sonny Randon** (*1938), **Leslie Wright, Judith K. McMillan** (*1945) and **George Taylor** work not only with documetary and classical photography but also with x-ray art photography and display their photos (flowers, shells, diverse objects; figs 25, 26) just as **George Green** and **Chris Thorn** (*1948) do on their websites. Some of their photos can be bought directly online. Apart from Thorn, all artists mentioned in this section are Americans. Thorn – a radiological assistant from Bristol, England – has been working with x-ray photography since 1968. Apart from flowers and various sea creatures, his x-ray art works also include a Harley, a torso in underwear and an old linen sack (fig. 27).[38]

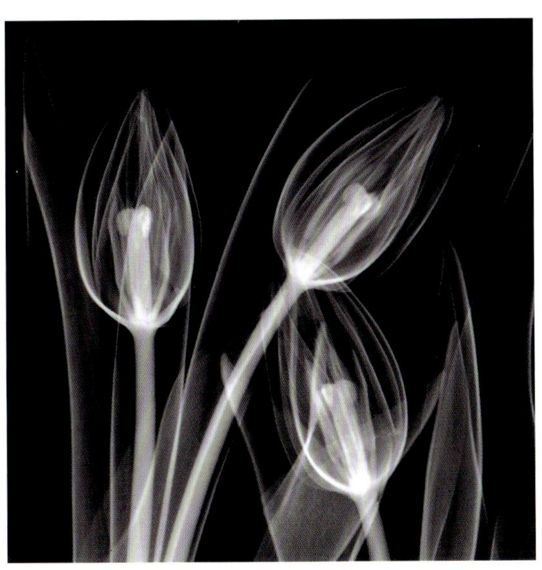

THE MACROCOSMOS – OR THE INTERNATIONALISATION OF X-RAY ART PHOTOGRAPHY

The number of people who seriously and consistently deal(t) with x-ray art photography has remained relatively modest. This is certainly due to the fact that it requires profound specialist knowledge on the

der meist kombinierte Bilder aus Röntgenaufnahmen und realen Elementen zeigt, wie durchleuchte-
te Hände und eine Klaviertastatur (Abb. 28).[39] **Franz Fellner**, Universitätsprofessor und Vorstand am
Zentralen Radiologie Institut des Allgemeinen Krankenhauses der Stadt Linz/Österreich, beschäftigt
sich unter dem Pseudonym *Ars Intrinsica* mit der künstlerischen Umsetzung von Röntgenbildern, die
mit Apparaten, die in der medizinisch-radiologischen Diagnostik eingesetzt werden, hergestellt werden
(Abb 29).[40] **Wolfgang Reichmann** (*1962), ein Fotograf aus Villach, und **Selina de Beauclair** (*1974)
sind österreichische Fotografen, die ebenfalls mit Röntgenfotografie gearbeitet haben. Reichmanns
Spezialität sind sogenannte Fotogramme, die Röntgenbildern sehr ähneln. In den 1990er-Jahren fertigte
er Röntgenfotografien von Pistolen an (Abb. 30). Selina de Beauclair lebt und arbeitet in Wien, studierte Soziologie, Philosophie, Psychoanalyse, Cultural Studies und seit 2007 Fotografie bei Prof. Gabriele
Rothemann an der Universität für angewandte Kunst Wien.[41]

Auch die renommierte Schweizer Fotografin **Marianne Haas** beschäftigt sich mit Röntgenfotografie.
Haas ging in den 1970er-Jahren als 20jährige nach Paris, wo sie als Assistentin des berühmten Star-Foto-
grafen Jean-Marie Périer arbeitete. Schnell gelang ihr der internationale Durchbruch mit eigenen Arbeiten
für *Vogue*, *Elle* und andere Magazine, vor allem mit Reportagen über Künstler, Interieurs und Gärten. Yves
Saint Laurent lud sie ein, all seine Wohnsitze und Gärten in Frankreich und Marokko zu fotografieren. Haas
veröffentlichte zahlreiche Bücher; neben Aufnahmen von Landschaften, Blumen und bekannten Persön-
lichkeiten sind Röntgenfotos von Blumen, Muscheln, aber auch von Früchten, Taschen und Schuhen auf
ihrer Homepage zu bewundern.[42]

Einen Sonderfall stellt der deutsche Konzeptkünstler **Torsten „Tor" Seidel** (*1964) dar, der sich zwar mit
Röntgenbildern künstlerisch auseinandersetzte, diese aber nicht selbst aufgenommen hat. Seidel studierte Philosophie, Religionswissenschaft und Archäologie in Berlin und beschäftigt sich seit mehr als zwei
Jahrzehnten mit künstlerischer und konzeptioneller Fotografie. Unter dem Titel *Portrait of this Mortal Coil*
entstanden im Jahr 2003 eine Installation sowie in der Folge die Arbeiten *Röntgenportrait* und *Röntgenplas-
tik*. Seidel griff dabei auf teilweise stark in Mitleidenschaft gezogene ausdrucksstarke Röntgenaufnahmen

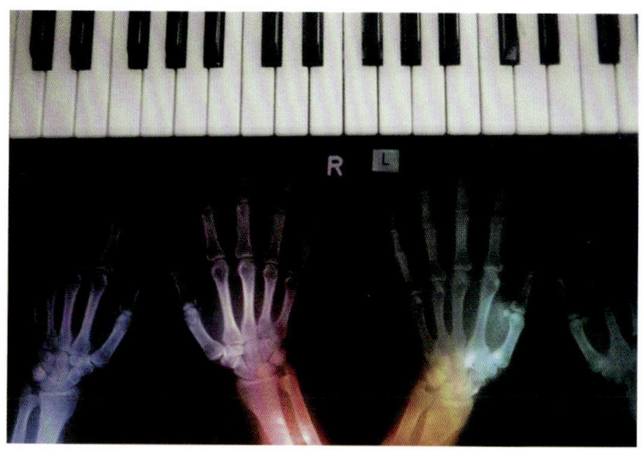

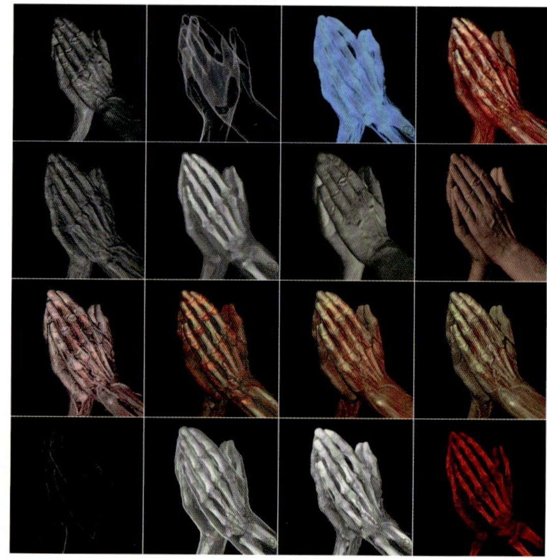

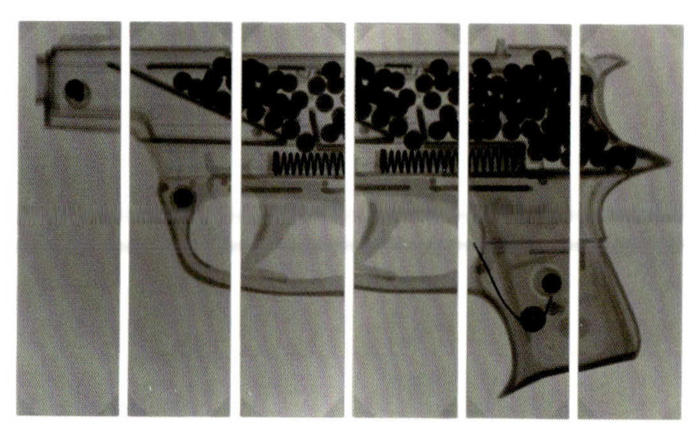

one hand and, on the other, that it is very cost intensive. It is interesting that the 'classical' subjects such as flowers and shells are and were primarily favoured by American and English artists. It was not until the 1980s and 1990s that this subject became known internationally, bringing a much wider range of topics with it while also introducing x-ray art photography to an ever increasing number of people. The first group of artists presented below mostly consists of photographers for whom x-ray photography only represents one area of their work.

The Swiss psychotherapist **Nick Blaser** (*1955), who was born in Venezuela, grew up in the Netherlands and has been a doctor since 1983, was already working as an art photographer in the 1980s. He published a thin volume *Röntgenkunst. X-Ray Art* in 1989 with pictures that combine x-ray photos and real elements such as x-rayed hands and a keyboard (fig. 28).[39] Under the pseudonym *Ars Intrinsica*, **Franz Fellner** – a university professor and head of the Central Radiology Institute at the Allgemeines Krankenhaus in Linz, Austria – focused on the artistic use of x-ray photos produced on an apparatus designed for medical, radiological diagnoses (fig. 29).[40] **Wolfgang Reichmann** (*1962), a photographer from Villach, and **Selina de Beauclair** (*1974), who lives and works in Vienna, are Austrian photographers who also work with x-ray photography. Reichmann's specialises in so-called photograms which are very similar to x-rays, producing x-ray photos of pistols in the 1990s (fig. 30). de Beauclair studied sociology, philosophy, psychoanalysis and cultural studies and, since 2007, has been a student of photography under Prof. Gabriele Rothemann at the University of Applied Arts in Vienna.[41]

The renowned Swiss photographer **Marianne Haas** also works with x-ray photography. In the 1970s, at the age of 20, Haas went to Paris where she worked as an assistant to the top photographer Jean-Marie Périer. She soon had her international breakthrough with her own work for *Vogue*, *Elle* and other magazines, especially with reports on artists, interiors and gardens. Yves Saint Laurent invited her to take photos of all his homes and gardens in France and Morocco. Haas has published a number of books. Apart from photos of landscapes, flowers and well-known personalities, x-ray photos of flowers, shells, as well as fruit, bags and shoes can also be admired on her website.[42]

28 Nick Blaser, **Quattre mains**
Nick Blaser, **Quattre mains**

29 Franz Fellner, **Betende Hände**
Franz Fellner, **Praying Hands**

30 Wolfgang Reichmann, **X-Ray Kidgun series No. 06**
Wolfgang Reichmann, **X-Ray, Kidgun series no. 06**

von ehemaligen Patienten aus dem Archiv des Lazaretts Hellerau/Dresden (des ehemaligen Festspiel-hauses) zurück. Auf dem Dachboden des 1992 von der Sowjetarmee freigegebenen Gebäudes fanden sich Schädel- und Handaufnahmen, die Seidel ins Zentrum eines Kunstprojektes stellte, das sich mit Tod, Ver-gänglichkeit sowie mit Geschichte und Gegenwart beschäftigte.[43]

Der Engländer **Hugh Turvey** (*1971) wiederum arbeitete zunächst als gelernter Designer und Grafiker und später als Fotokünstler. Er studierte beim berühmten britischen Fotografen Gered Mankowitz. Im Jahr 1996 entstand sein erstes Röntgenfotografie-Projekt für ein Cover-Image. In der Folge entstanden farbi-ge Röntgenbilder von Alltagsgegenständen, die 1999 im *Observer*-Magazin veröffentlicht wurden. Später folgte ein Werbeprojekt mit Röntgensequenzen für Credit Suisse und andere Auftraggeber. Turvey ist ein außerordentlich gefragter Röntgenfotografie-Künstler, der unter dem Label *gustoimages* gemeinsam mit seinem Kollegen, dem Fotografen Artemi Kyriacou, eine große gewerbliche Internet-Plattform betreibt und somit seine künstlerische Leidenschaft mit seinem Beruf perfekt in Einklang bringt (Abb. 31). Zuletzt entstand unter dem Titel *X is for X-Ray* ein App, das 26 Alltagsobjekte auf spektakuläre Weise präsentiert.[44]

Am Ende dieser Vorstellung zeitgenössischer Röntgenfotografie-Künstler kommen wir zu jenen Vertre-tern, die entweder regelmäßig, ausschließlich oder in besonders herausragender Art mit künstlerischer Röntgenfotografie in Erscheinung treten.

Jim Wehtje (*1968), ein US-Amerikaner aus Massachusetts, begann 1996 mit der Röntgenfotografie. Neben Muscheln und Blumen entstanden bald auch Bilder von Puppen, Schuhen oder kaputten Kannen, die Wehtje allesamt als lohnende Objekte für seine Arbeit dienten. Spektakulär sind seine Tierbilder aus Muschel-Kompositionen sowie fantastische Meereslandschaften, aber auch Röntgenaufnahmen von Früchten, Dosen bis zu LKWs und Bagger.[45]

Satre Stuelke (*1964) wiederum ist ein Arzt und Künstler, der bereits als Medizinstudent Röntgenauf-nahmen von Alltagsgegenständen machte, mit besonderem Augenmerk, deren Inneres nach außen

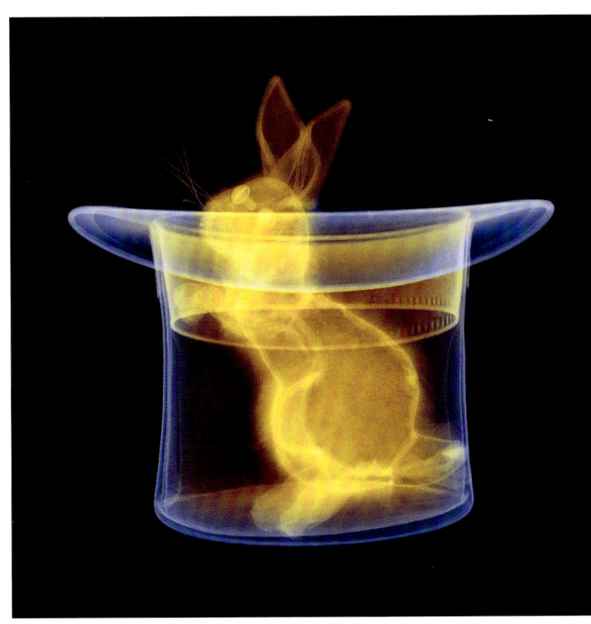

31 Hugh Turvey, **Magic Xogram**
Hugh Turvey, **Magic Xogram**

The German concept artist **Torsten 'Tor' Seidel** (*1964) is a special case as, although he works intensively with x-ray photos, he does not actually take the pictures himself. Seidel studied philosophy, religious science and archaeology in Berlin and has been working with artistic and conceptional photography for more than 20 years. *Portrait of this Mortal Coil* was the title of an installation from 2003, followed by the works *X-Ray Portrait* and *X-Ray Sculpture*. Seidel used partly badly damaged yet expressive x-ray pictures of former patients from the archives of the hospital in Hellerau, Dresden (the former Festival Theatre). In the attic of he building which was vacated by the Soviet army in 1992, Seidel found photos of skulls and hands which he made the focus of his art project that dealt with death, transitoriness, the past and the present.[43]

The Englishman **Hugh Turvey** (*1971) for his part first worked as a trained designer and illustrator and later as a photo artist. He was a student of the famous British photographer Gered Mankowitz. In 1996 he completed his first x-ray photography project for a cover image. After that, colour x-ray pictures of everyday objects were made and published in the *Observer* magazine in 1999. He later worked on an advertising project with x-ray sequences for Credit Suisse and other clients and is much in demand as an x-ray photographic artist. Together with his colleague, the photographer Artemi Kyriacou, he operates a large commercial internet platform under the label *gustoimages*, combining his artistic passion with his job in an optimum way (fig. 31). He recently produced an app called *X is for x-ray* that presents 26 everyday objects in a spectacular way.[44]

This introduction to contemporary x-ray photographers is rounded off by artists who either regularly, exclusively or in an especially outstanding way are noted for their x-ray art photography.

Jim Wehtje (*1968), an American from Massachusetts, took up x-ray photography in 1996. In addition to shells and flowers he soon started taking pictures of dolls, shoes and even broken pots, all of which Wehtje found to be worthwhile objects for his work. His shell compositions of animals are spectacular as are his imaginary seascapes, x-ray pictures of fruit, tins and even lorries and bulldozers.[45]

zu kehren. Stuelke folgte dabei seiner Überzeugung, dass manche Patienten durch diese Arbeiten ein besseres Verständnis für ihre eigene Behandlung erhielten. Die außerordentliche künstlerische Qualität seiner Arbeiten wurde weltweit in zahlreichen Ausstellungen und Galerien gewürdigt. Bis vor einiger Zeit unterrichtete Stuelke regelmäßig an Kunstschulen. Aktuelle Arbeiten abseits von Röntgen-Kunstwerken kann man auf seiner Homepage bewundern (Abb. 32, 33).[46]

Auch **Ahmed Mater** (*1979), der jüngste aller vorgestellten Künstler, ist im bürgerlichen Beruf Arzt. Geboren in Tabuk in Saudi Arabien, zählt er zu den bekanntesten bildnerischen Künstlern seines Heimatlandes und ist Mitglied der saudischen Künstlergruppe *edge of arabia*. Mater kombiniert in seiner Arbeit islamische Elemente und Röntgenbilder, etwa in der Serie *Illuminations*. Nicht selten beinhalten seine Arbeiten Gesellschaftskritik, wie in *Evolution of Man*, in dem die Folgen des Ölreichtums seines Heimatlandes und der rasante Fortschritt auf schonungslose Art hinterfragt werden (Abb.34). Neben der Röntgenfotografie beschäftigt sich Ahmed Mater auch mit Installationen, klassischer Fotografie, Grafik und Konzeptkunst.[47]

Xavier Lucchesi (*1959) begann Mitte der 1990er-Jahre mit seiner künstlerischen Arbeit. Die ersten Röntgenbilder entstanden 1995 während eines Moskau-Aufenthalts. Lucchesi lebt und arbeitet in Paris und hat mehrere Bücher zum Thema veröffentlicht. Eines ist seinem Projekt über die Meisterwerke Picassos (2006), ein anderes der Kunst Afrikas (2008) gewidmet.[48]

Der russische Künstler **Yuri Shpakovski** (*1959) beschäftigt sich außer mit surrealistischer Malerei und Grafik, die oft an den Wiener Phantastischen Realismus erinnern, mit der Herstellung von Puppen und mit künstlerischer Röntgenfotografie. Im Jahr 1992 entstanden in der Serie *Offenbarung der Röntgenstrahlen* mon bild-mystische Arbeiten, die fast immer den Schädel im Mittelpunkt haben und Titel wie *Geruch des Todes*, *Zodiac* oder *Medusa* tragen. Typisch ist auch eine Serie mit Hommagen an den Schweizer Künstler H. R. Giger.[49]

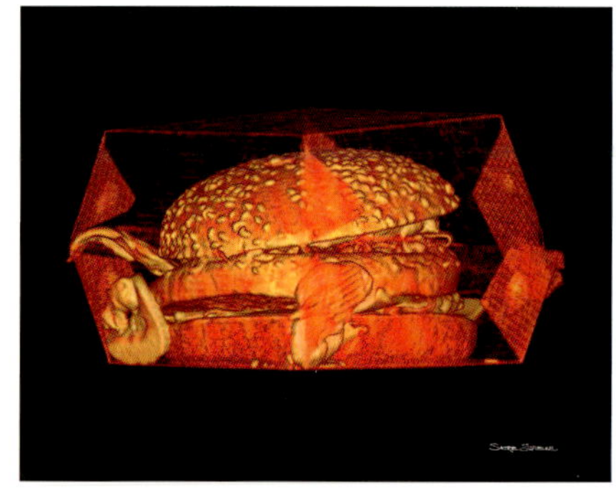

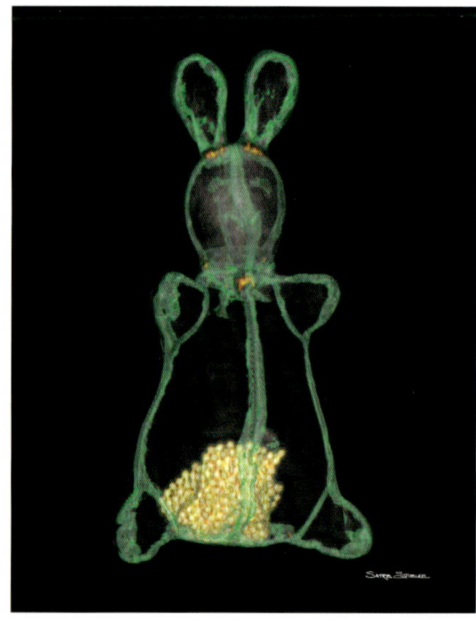

32 Satre Stuelke, **Bigmac**, CT-scan

33 Satre Stuelke, **Bunnybean**, CT-scan

34 Ahmed Mater, **Evolution of Man**

Satre Stuelke (*1964) is a doctor and an artist who took x-ray photos of everyday objects while still a student of medicine, paying particular attention to turning his objects inside out. Stuelke was convinced that his work might help patients to understand their own treatment better. The extraordinary artistic quality of his work has been acknowledged in a number of exhibitions and galleries around the world. Until recently, Stuelke lectured regularly at art schools. His current work, apart from his x-ray pictures, can be seen on his website (figs 32, 33).[46]

Ahmed Mater (*1979), the youngest of the artists presented here, is also a doctor. Born in Tabuk, Saudi Arabia, he is one of the best-known artists of his home country and a member of the Saudi Arabian group of artists 'edge of arabia'. In his work, Mater combines Islamic elements and x-ray pictures, for example, in his series 'Illuminations'. Quite often his work is socially critical such as *Evolution of Man* in which he quite mercilessly questions the consequences of the immense wealth made from oil in his native country and the rapid progress that ensued (fig. 34). Apart from x-ray photography Mater is also known for his installations, classical photography, graphic work and concept art.[47]

Xavier Lucchesi (*1959) began his artistic work in the mid-1990s. He took his first x-ray photos in 1995 during a stay in Moscow. Lucchesi lives and works in Paris and has published several books on the topic. One is his Picasso masterpieces project (2006) and another on African art (2008).[48]

The Russian artist **Yuri Shpakovski** (*1959) focuses not only on surreal painting and graphic works which are often reminscent of the Vienna School of Fantastic Realism but also on making dolls and x-ray art photography. In the morbid and mystic work of his 'Revelation of X-Rays' series of 1992 with titles such as *The Smell of Death*, *Zodiac* and *Medusa*, the skull almost always takes pride of place. His series of homages to the Swiss artist H.R. Giger is also typical of his work.[49]

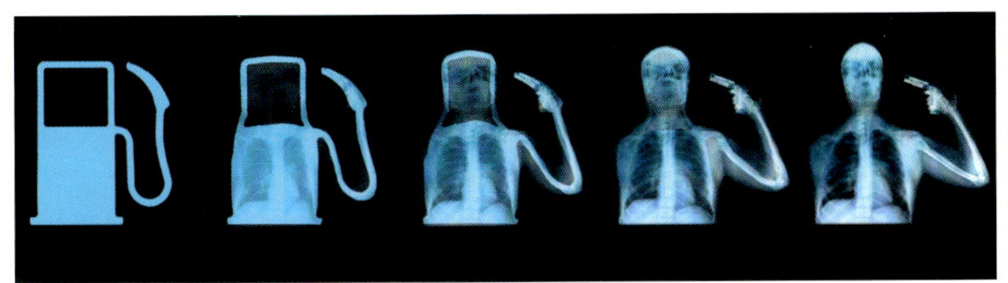

Seiju Toda (*1948) is one of Japan's leading graphic artists. In 1976 he opened his own design studio in Tokyo. His clients include major department stores and boutiques as well as the electronics, jewellery and

Seiju Toda (*1948) zählt zu den führenden Grafikern Japans. 1976 eröffnete er in Tokio ein eigenes Design-Studio, das große Kaufhäuser und Boutiquen sowie die Elektronik-, Schmuck- und Automobilindustrie gleichermaßen zu seinen Kunden zählt. Bereits als Student in den 1960er-Jahren zeigte er sich von den Arbeiten John Cages und Jasper Johns beeindruckt. Das für viele Kritiker herausragende Werk des Künstlers ist eine Serie von 39 Röntgenfotografien, die zwischen 1986 und 1991 entstanden sind und unter dem Titel *X = T* Mitte der 1990er-Jahre in einem gleichnamigen Sammelband veröffentlicht wurden. Das X steht dabei für X-ray, das T für Toda (Abb. 35). Zu sehen sind Holzkonstruktionen, die von lebenden Kreaturen und Skelettfragmenten bewohnt werden und einen fantastischen Blick auf mysteriöse Welten eröffnen, die kaum mit Worten zu beschreiben sind.[50]

Die Italienerin **Benedetta Bonichi** (*1968) begann im Jahr 1999 mit ersten künstlerischen Röntgenaufnahmen. Ihre Arbeiten sind von einer Kombination alter Techniken, wie Kohlezeichnung oder Fresko-Malerei, verbunden mit Radiografie, Fotografie etc. gekennzeichnet. Im Januar 2003 präsentierte sie in Rom ihr Meisterwerk *Banchetto di Nozze* (Hochzeitsbankett). Ausstellungen in Paris, New York, Wien, Berlin, São Paolo, Brüssel, Santiago de Chile und natürlich in ganz Italien zeugen von der hohen Qualität ihrer Kunst. In den Röntgenfotos spielen oft Musiker, Tänzer oder Zwitterwesen (Oktopus und Frau; Vogel und Mensch), die oft eine Model-hafte Pose einnehmen, eine Rolle. Viele Bilder haben eine archaische oder klassische Anmutung, erinnern an alte Gemälde und wirken geheimnisvoll, verstörend und faszinierend (Abb. 36, 37).[51]

Wim Delvoye (*1965) ist ein belgischer Konzeptkünstler, der manchmal auf dramatisch-drastische Weise, dann wieder mit Ironie, Witz und Humor historische und gesellschaftliche Elemente aus dem gewohnten Zusammenhang reißt und sie neu komponiert, um mit dem – oft schockierenden – Ergebnis eingefahrene Wertesysteme zu hinterfragen. Tätowierungen von Schweinen und Menschen zählen ebenso zu seiner Arbeit wie spektakuläre Stahlskulpturen, die gotische Architekturelemente ebenso zitieren wie die Stahlkonstruktionen der industriellen Gründerzeit des 19. Jahrhunderts. Schließlich zeichnet Delvoye für mehrere künstlerische Röntgenfotografie-Serien verantwortlich, die Titel wie *Sex Rays* (mit tabulosen Röntgenbildern von Sexualpraktiken), *Stations of the Cross* (Ratten, die den Leidensweg Christi darstellen) oder

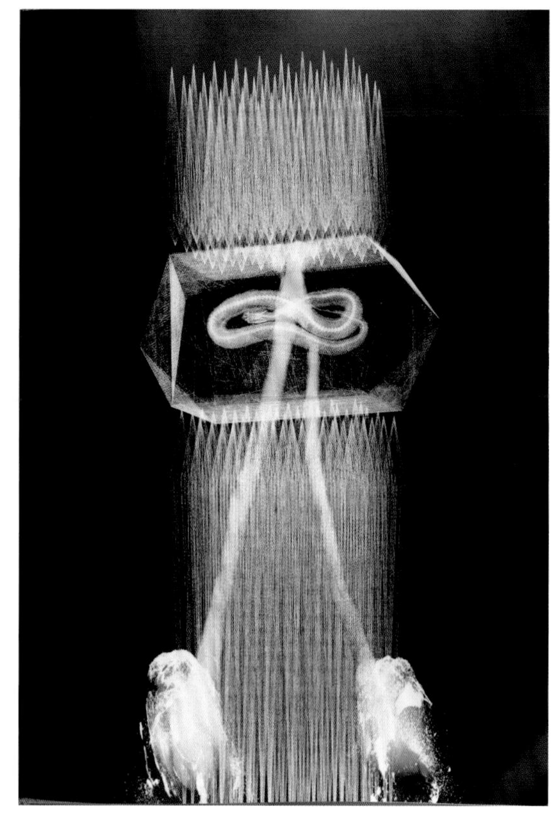

35 Seiju Toda, **X = T**
Seiju Toda, **X = T**

36 Benedetta Bonichi, **Banchetto di Nozze**
Benedetta Bonichi, **Banchetto di Nozze**

37 Benedetta Bonichi, **La Collana di Perle**
Benedetta Bonichi, **La Collana di Perle**

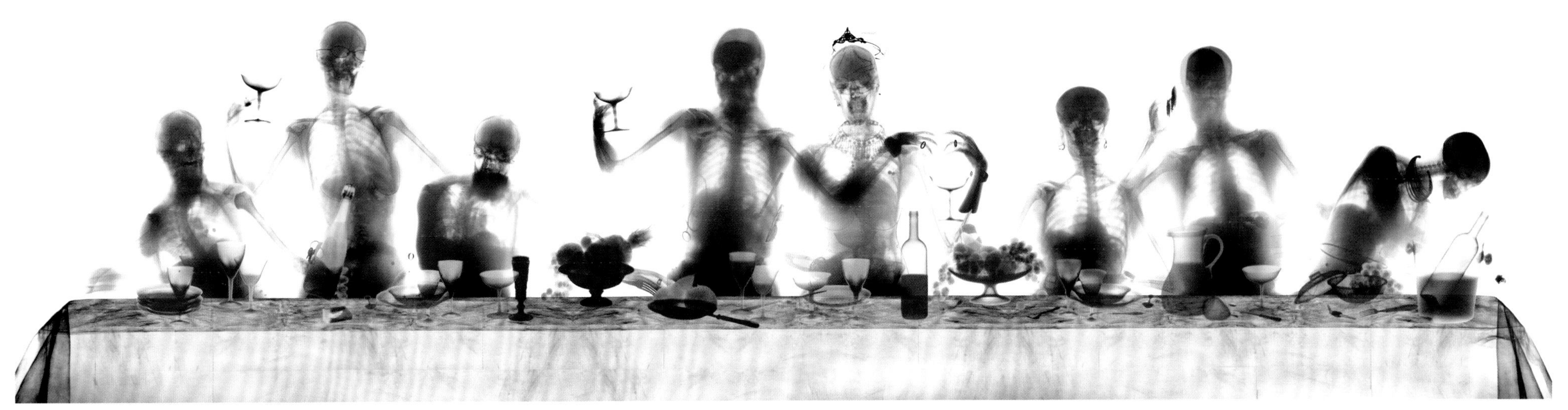

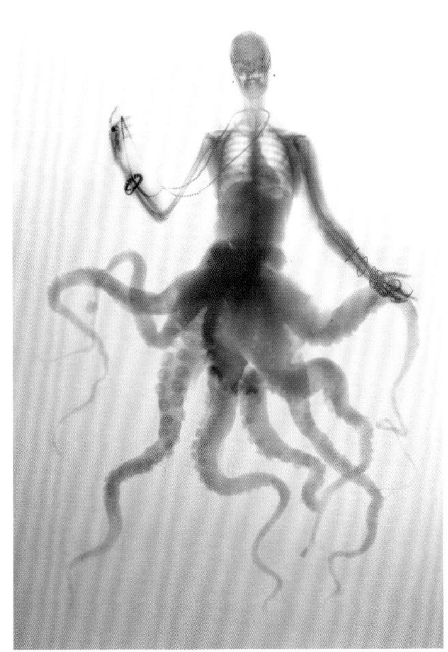

car industry. While still a student in the 1960s, Toda was highly impressed by the work of John Cage and Jasper Johns. Many critics regard a series of 39 x-ray photographs to be Toda's most outstanding work of art. The pictures, entitled 'X=T', were taken between 1986 and 1991 and published in an anthology of the same name in the mid-1990s. The 'X' stands for x-ray and the 'T' for Toda (fig. 35). Wooden structures inhabited by living creatures together with fragments of skeletons open up a fantastic view of a mysterious world that can barely be described in words.[50]

The Italian **Benedetta Bonichi** (*1968) took her first x-ray art pictures in 1999. Her work is a combination of old techniques like charcoal drawing or fresco painting and radiography, photography, etc. In January 2003 she presented her masterpiece *Banchetto di Nozze* (Wedding Banquet) in Rome. Exhibitions in Paris, New York, Vienna, Berlin, São Paulo, Brussels, Santiago di Chile and, of course throughout Italy are proof of the high quality of her art. Musicians, dancers and creatures that are half human, half animal (octopus and woman, bird and human), often posing like models, play an important role in her x-ray photos. Many of her pictures seem archaic or classical, are reminscent of old paintings and seem mysterious, unsettling and intriguing (figs 36, 37).[51]

Chapel (Kirchenfenster mit verstörenden Motiven) tragen und einen eindrucksvollen Schwerpunkt seiner außergewöhnlichen künstlerischen Arbeit darstellen (Abb. 38, 39).[52]

Der in London geborene **Nick Veasey** (*1962) gilt als der uneingeschränkte Nummer-1-Weltstar der Röntgenfotografie-Kunst. Ihr hat er fast seine gesamte Arbeit gewidmet. Veasey kommt aus der Design- und Werbebranche und beschäftigte sich mit konventioneller Fotografie, ehe er beauftragt wurde, für eine TV-Show eine Röntgenaufnahme einer Cola-Dose anzufertigen. Das Ergebnis faszinierte alle Beteiligten, am meisten ihn selbst, und seit 1995 wendet er die künstlerische Röntgenfotografie auf vielfältigste Art und Weise an. Seine Arbeiten wurden für zahlreiche internationale Werbekampagnen verwendet, darüber hinaus zeigen Galerien und Ausstellungen in aller Welt regelmäßig aktuelle Werke und Retrospektiven. Im Jahr 2008 erschien der erste Sammelband mit einer Übersicht über das Gesamtwerk von Nick Veaseys: *X-ray – See Through the World Around You*. Der mehrfach für seine Arbeit ausgezeichnete Künstler hat mit einer Boeing 777, die er in ihrem Hangar aufgenommen hat, die größte bisherige Röntgenaufnahme produziert. Daneben sind Veaseys Arbeiten, die vom Autobus samt Insassen bis zum Bürohaus, von Tieren, Blumen und Menschen, bis hin zu Musikinstrumenten und technischen Geräten erstaunliche Einsichten bringen, von einer besonderen Leichtigkeit und Souveränität geprägt, die ihm zu Recht den inoffiziellen Titel des Königs der künstlerischen Röntgenfotografie eingebracht haben (Abb. 40, 41).[53]

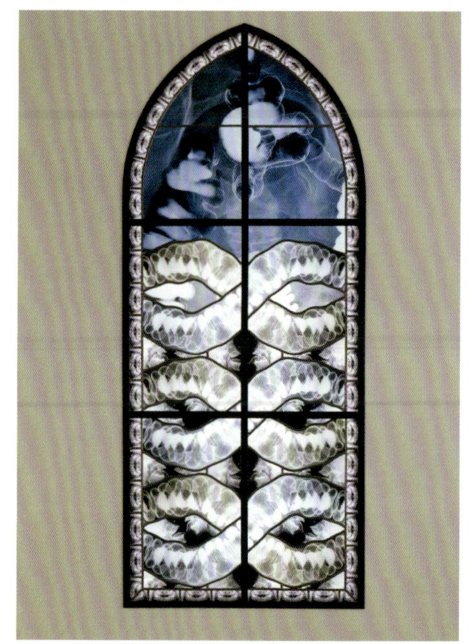

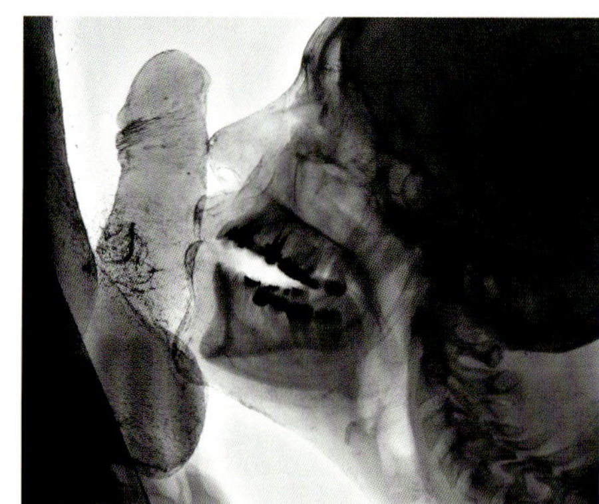

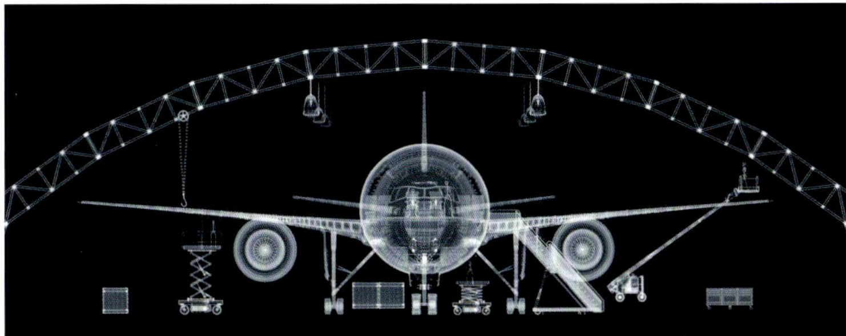

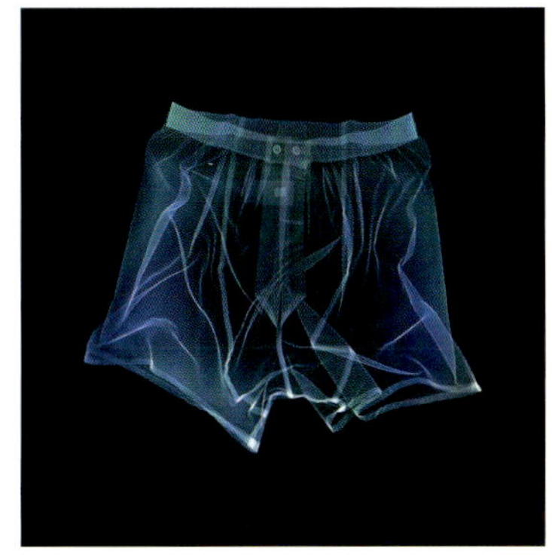

Wim Delvoye (*1965) is a Belgian concept artist who – sometimes dramatically and drastically, other times ironically, wittily and humorously – takes historical and social elements out of their usual context and creates new compositions, with often shocking results, intended to question traditional systems of values. Tattoed pigs and people are equally part of his work as are spectacular steel sculptures which echo Gothic architectural elements like the steel structures from the period of industrial expansion in the 19th centruy. Delvoye has produced several series of x-ray art photographs with titles such as *Sex Rays* (x-ray photos of sexual practices without any taboos), *Stations of the Cross* (rats depicting the suffering of Christ) and *Chapel* (church windows with disturbing motifs), which form an impressive focal point within his unusual œuvre (figs 38, 39).[52]

Nick Veasey (*1962), born in London, is considered the absolute star of x-ray art photography internationally. Almost all his work is devoted to this art form. Veasey comes from the design and advertising branch and originally focused on conventional photography before receiving a commission to take an x-ray photo of a can of coke for a TV show. The result fascinated everybody – most of all the artist himself. Since 1995 he has been using x-ray art photography in the most varied of ways. His work has been featured in numerous international advertising campaigns. His current work is regularly shown and retrospectives held at galleries and exhibition venues throughout the world. In 2008 the first monograph of Nick Veasey's work was published: *X-Ray – See Through the World Around You*. The artist, who has received numerous awards for his work, has produced the largest x-ray photograph to date of a Boeing 777, taken in its hangar. Veasey's work, which ranges from a bus complete with passengers to an office block, from flowers and animals to people, musical instruments and technical appliances, all of which make astonishing viewing, is characterised by a particular airiness and ablomb that has rightly earned him the inofficial title of the king of x-ray art photography (figs 40, 41).[53]

38 Wim Delvoye, **Clio**
Wim Delvoye, **Clio**

39 Wim Delvoye, **Kiss 2**
Wim Delvoye, **Kiss 2**

40 Nick Veasey, **Plane**
Nick Veasey, **Plane**

41 Nick Veasey, **Boxer Shorts**
Nick Veasey, **Boxer Shorts**

DIE VIRTUELLE REALITÄT DES WERNER SCHUSTER

Von *X-Fruits* **zu** *Graphix*

Werner Schuster wurde am 27. Oktober 1957 in Wien als Sohn eines Ärzteehepaares geboren. Nach Medizinstudium, Promotion, Turnus und Facharztausbildung eröffnete er 1993 seine eigene Röntgenordination in seinem Heimatbezirk Neunkirchen, 60 km südlich von Wien. Die Begeisterung für die Fotografie wurde bereits früh geweckt, denn der Vater vermittelte seinem älteren Bruder und ihm sein eigenes Hobby mit großem Engagement, und so machte Werner Schuster bereits im Alter von sieben Jahren seine ersten Fotografien. Das Fotografieren wurde zum bestimmenden Hobby. Hunderte Diavorträge in ganz Österreich folgten. Viel später und eher zufällig stieß er bei der Vorstellung eines neuen Mammografiegeräts auf jene Kunstrichtung, die mittlerweile seit einem knappen Jahrzehnt im Zentrum seiner Arbeiten steht. Das Durchleuchten eines Apfels und später eines Fisches sollte eigentlich der Demonstration der Schärfe des neuen Geräts dienen; die Schönheit und die Symmetrie der Bilder entfachten in ihm eine unerwartete Begeisterung für den künstlerischen Aspekt seiner alltäglichen Materie. 2004/05 entstand das erste Portfolio *X-Fruits*, dem bis heute vier weitere Serien folgen sollten, darunter – erstmals in dieser Art weltweit – sogenannte Sandwich-Bilder, eine spezielle Kombination von Röntgen- und klassischer Fotografie. 2009 eröffnete Schuster die erste Fotogalerie in seiner Heimatregion, seit 2010 ist er Vereinsmitglied im Künstlerhaus, Wien. Seine Arbeiten wurden außer in Österreich in zahlreichen Galerien in Deutschland, Slowenien, Ungarn, Tschechien (Prag) und China (Peking) gezeigt. Der vorliegende Bildband bringt erstmals einen Querschnitt von Werner Schusters künstlerischem Schaffen in Buchform.

WERNER SCHUSTER'S VIRTUAL REALITY

From *'X-Fruits'* **to** *'Graphix'*

Werner Schuster was born in Vienna on 27 October, 1957. Both his father and mother were doctors. After studying medicine, gaining his doctorate and completing his post-graduate and specialist training, he opened his own x-ray surgery in the district of Neunkirchen where he lives, 60km south of Vienna. Schuster's enthusiasm for photography was aroused at an early age by his father who delighted in involving him and his older brother in his hobby. As a result, Werner Schuster took his very first photos at the age of seven. Photography was to become his overriding hobby. Hundreds of slide presentations throughout Austria were to follow. Much later – and rather by chance, when demonstrating a new mammography machine – he stumbled upon the art form that has formed the nucleus of his work for almost a decade. The beauty and the symmetry of the x-ray pictures of an apple and a fish, which were only intended to demonstrate the sharp focus of the new device, however, awakened an unexpected enthusiasm for the artistic side of everyday things. The first portfolio, 'X-Fruits', was assembled in 2004/05, followed by four further series to date, including his so-called 'sandwich pictures' – the first of their kind worldwide – which are a unique combination of x-ray and classical photography. In 2009 Schuster opened the first photo gallery in his region and has been a member of the Vienna Künstlerhaus association since 2010. Outside Austria, his work has been exhibited in numerous galleries in Germany, Slovenia, Hungary, the Czech Republic (Prague) and China (Beijing). This illustrated publication is the first to show a cross-section of Werner Schuster's work.

WERNER SCHUSTER IM GESPRÄCH MIT RENÉ HARATHER

Eine Bestandsaufnahme

René Harather (RH): *Ein Arzt als Künstler, in der Röntgenfotografie-Kunst nichts Ungewöhnliches, wie die Geschichte zeigt. Wo sind die Anfänge deiner künstlerischen Leidenschaft festzumachen?*

Werner Schuster (WS): Die erste künstlerische Arbeit hatte gar nichts mit Fotografie zu tun, die ja – geweckt durch meinen Vater – bereits in der Volksschule intensiv als Hobby gepflegt wurde. Aus einem röhrenförmigen Metallgitter der Dachrinnenheizung, das beim Bau meines Privathauses übrig geblieben ist, habe ich im Garten eine Metallskulptur auf einem Betonsockel aufgebaut – die *Skyline von New York*. Natürlich gab es auch in der Schulzeit Gehversuche, mit einigen fotografisch Gleichgesinnten wurden im Kunstunterricht die Themen Perspektive, Selbstporträt und *Die Geburt eines Würfels* bearbeitet.

RH: *Von der Fotografie als Hobby zur Röntgenfotografie als Teil des Berufs und weiter zur Röntgenkunst. „Er bildet ab, was er nicht sieht", beschreibt eine deutsche Journalistin den Kern deiner Arbeit – eigentlich ein Paradoxon?*

WS: Beim Fotografieren sind Begriffe wie Ausschnitt und Belichtung allgegenwärtig. Letztlich waren die Faszination des Durchsehens, der Durchblick schlechthin, die Hauptgründe, eine Ausbildung zum Röntgenarzt zu machen. Dass dann ein Apfel, von oben in der neuen Phillps-Mammografie durchleuchtet, eine derartige Resonanz hervorrufen konnte, war verblüffend. Die Kollegen waren begeistert, und ich war völlig hingerissen von der Schönheit und Symmetrie. Mit dem neuen Gerät habe ich gleich Versuche mit verschiedenen anderen Gegenständen gemacht.

Etwa zur selben Zeit sah ich die Arbeiten von Benedetta Bonichi. Die Italienerin zeigte ihre Kunstwerke beim europäischen Röntgenkongress im Austria Center in Wien. Ein riesiges Schwarz-Weiß-Bild, *Das Hochzeitsbankett*, bei dem alles im Röntgen zu sehen war, von den (bekleideten) Menschen bis zu den Möbeln, dem Geschirr, dem Essen. Das war das Schlüsselerlebnis. Ich wollte so etwas auch machen, in dieser Perfektion, aber ohne zu kopieren – eben etwas Neues für mich finden.

RH: *Das erste Portfolio, X-Fruits, wurde 2006 vorgestellt – Früchte, Pflanzen, Muscheln, Meerestiere – das war dann doch nicht ganz neu?*

WS: Vielen Bildern gingen unzählige Tests voran, die Verbesserung der Bildqualität durch technische Eingriffe, die Veränderung der Dicke des Objekts, das Finden des richtigen Winkels, des richtigen Ausschnitts; für mich war alles neu, und das Primärziel war eine besonders ästhetische Abbildung der Objekte in einer großformatigen Präsentation zu erreichen. Ich hatte damals einen fast naiven Zugang zu meiner Kunst, und die kritischen Stimmen mancher Kuratoren, dass es das schon alles gegeben hätte, es letztlich normale Röntgenbilder seien oder eigentlich gar keine Fotografie, spornten mich natürlich an, mich noch mehr mit der Materie auseinanderzusetzen.

RH: *Streng genommen kann man die Röntgenfotografie als Fotografie ohne Kamera bezeichnen, die mit dem Röntgengerät ohne Objektiv auf einem Röntgenfilm aufgenommen wird. Anders als bei der Lochkamera-Fotografie, der künstlerischen Avantgarde des*

WERNER SCHUSTER TALKING TO RENÉ HARATHER

An Appraisal

René Harather (HR): *A doctor and artist – nothing unusual in the field of x-ray art as history tells us. But when exactly did your passion for art begin?*

Werner Schuster (WS): My first art work had nothing to do with photography which – thanks to my father's enthusiasm – had already become a hobby of mine when I was at primary school. I made a metal sculpture – *The Skyline of New York* –

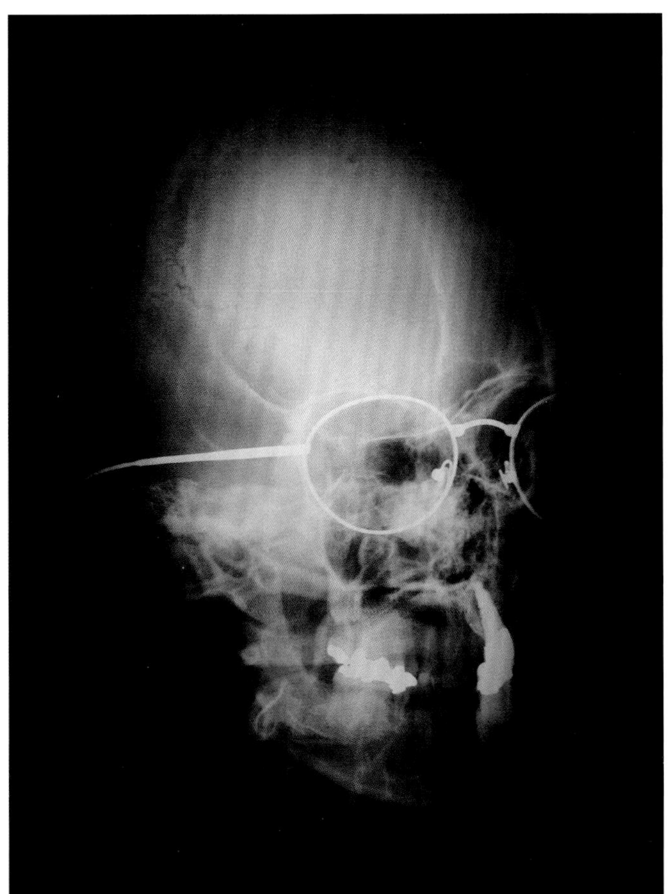

out of a tube-like metal wire-mesh for heating gutters, left over from when building my house, and placed it on a concrete plinth in my garden. Of course I had a go at a few things at school and, with a few others who were keen on photography, we worked through topics like perspective, the self-portrait and 'The Birth of a Cube' in art lessons.

RH: *From photography as a hobby to x-ray photography as part of your profession and then to x-ray art. 'He captures what cannot be seen' is how one German journalist described the essence of your work – is this a paradox?*

WS: In photography, terms such as aperture and exposure are commonplace. Ultimately it was the fascination of being able to see through things, the view itself, that were the main reasons for my training to be a radiologist. That an apple x-rayed from above using the new Philips mammographer would cause such a reaction, was stunning. My colleagues were thrilled and I was enraptured by the beauty and symmetry. I immediately tried the device out on various other objects. At about the same time I saw some works by Benedetta Bonichi. The Italian exhibited her art work at the European x-ray convention at the Austria Centre in Vienna. There was a huge black-and-white picture, *Wedding Banquet*, in which everything was x-rayed – people (in their clothes), furniture, dishes, food. This was a key experience. I wanted to do the same, with the same perfection, but without copying her. I wanted to find something new for myself.

RH: *Your first portfolio 'X-Fruits' was presented in 2006 – fruit, plants, shells, sea creatures – but that wasn't anything particularly new, was it?*

20. Jahrhunderts – Stichwort: Man Ray – ohne Linse, aber mit großer Bedeutung des Lichts, bedient sich die Röntgenfotografie-Kunst ja eigentlich der unsichtbaren Strahlen – in China im Zusammenhang mit deiner Ausstellung gerne schon mal als „schwarzes Licht" bezeichnet.

WS: Ich habe als Vorbereitung zur zweiten Serie intensive Recherche betrieben. Die allseits beliebten Blumen waren für mich kein Thema, da ich weder im Besitz eines Spezialgeräts war und ja etwas Neues machen wollte. Ich beschloss, mit der hervorragend auflösenden Mammografie zu arbeiten. Eine 50 Jahre alte 4 x 5 Inch-Kamera (Linhof Technika) und eine Studio-Blitzanlage wurden angeschafft. Für *X-Visions 2008* entwickelte ich Visionen – mittels Röntgenstrahlen in Kombination mit Fotografie auf einem Bild. Ich nenne sie Sandwich-Bilder, bei denen entweder die Fotografie oder das Röntgenbild den Hauptteil des Gezeigten einnimmt, mit dem jeweils anderen Part in der Nebenrolle. Die teuren Kosten für die Scans der Röntgenaufnahmen und die Arbeit des Grafikers konnte ich erst reduzieren, als ich mich in der Folge auch mit Photoshop auseinandersetzte. Bei der dritten Serie, dem Portfolio *Black*, gab es nur mehr volldigitale Röntgenbilder und digitale Fotografie. Der Titel inspirierte die Pekinger Ausstellungsmacher, vom „schwarzen Licht" zu sprechen.

RH: *Schwarz könnte man aber auch verbinden mit Vergänglichkeit, Tod, letztlich aber auch mit der Tatsache, dass viele deiner Sandwich-Arbeiten eine andere, vielleicht auch dunkle Seite des Lebens oder der Gesellschaft zeigen. Man könnte auch den morbiden Charme des Pathologen entdecken, vielleicht sogar eine Art von (sehr wienerischem) Humor. Auf der anderen Seite spielt der Effekt der schwarzen Flächen, die mit Röntgenaufnahmen und einzelnen – oft roten Farbtupfern in Beziehung treten, eine große Rolle für den Betrachter.*

WS: Tatsächlich fand ich ein neues Betätigungsfeld in der künstlerischen Röntgenfotografie, denn offensichtlich haben sich die Künstler früher praktisch nicht mit der Röntgenfotografie beschäftigt oder aber die Radiologen selten mit Fotografie. –

Ich versuche in den Sandwich-Bildern Geschichten zu erzählen: das Bild der eigenen Mutter, die sich den Tod herbeisehnt, der verlassene Ehemann mit Schulden, der von der Ratte bedrängt wird, aber an alten Werten und am Wohlstand festhält, ein Haifischgebiss, das Süßigkeiten verschlingt …

RH: *Auch die vierte Serie* Virtual Reality (2011) *ist von den Sandwich-Bildern dominiert, wobei die Konzept-Folge* Workout – *die Wandlung einer musikalischen Gliederpuppe zum Sportler, ein Röntgen-Haus mit real abgebildeten Bewohnern und der Fernzug in der Mondnacht, der an Nick Veaseys große Arbeiten gemahnt – hervorsticht. Im Gegensatz dazu steht das aktuelle Portfolio* Graphix (2012), *das von einer geradezu mathematischen Strenge zeugt und Inspirationen von M. C. Eschers Arbeiten, aber auch der Op-Art und der konkreten Kunst auf völlig neue Art darstellt – bis dato die ausgereifteste Serie?*

WS: Tatsächlich habe ich mir für die aktuelle Serie strenge Regeln gesetzt: quadratisches Format, ausschließlich Schwarz-Weiß-Bilder und Röntgenaufnahmen ohne reale Fotos, alle Bilder ohne Kamera, die durch das Röntgenaufnahmegerät ersetzt wird, und die grafische Ästhetik sowie die Objekte selbst stehen im Vordergrund. – Technisch sind es wahrscheinlich meine konsequentesten Arbeiten bis jetzt. Letztlich aber finde ich, dass der Künstler nie ausgereift, im Sinne von „vollkommen" sein kann, sondern sich inhaltlich weiter entwickeln muss, denn Wiederholung wäre Stillstand!

WS: Many of the pictures were preceded by countless tests, improvements to the quality of photos by technical means, changes in the thickness of the object, searching for the right angle, the proper detail. Everything was new to me and the primary aim was to achieve a particularly aesthetic picture of the objects in a large format. At that time my approach to art was almost naïve. And the critical comments of some of the curators who said that everything had already been done before, that my pictures were just ordinary x-ray pictures or not even photographs at all – such comments of course spurred me on to work that much more closely with the material.

RH: *Strictly speaking x-ray photography can be called photography without a camera, as pictures are taken with an x-ray machine without a lense and on x-ray film. Other than with pinhole camera photography – the artistic avant-garde of the 20th century, keyword: Man Ray, no lense, but with great importance placed on light – x-ray art photography actually uses invisible rays. In connection with your exhibition iun China, these were referred to as 'black light'.*

WS: When preparing my second series I did a lot of research beforehand. The much loved flowers were of little concern to me, as I did not have a special device and was determined to do something new. I decided to work with the high-resolution mammograph. I bought a 50-year-old 4 x 5 inch camera (a Linhof Technika) and studio flash equipment. For 'X-Visions 2008' I developed visions by combining x-rays and photographs in one picture. I call them 'sandwich pictures' in which either the photograph or the x-ray is dominant with the other medium taking a supporting role. I was able to reduce the high costs for the scans of the x-ray pictures and the work of the graphic artist once I had started to get to grips with Photoshop. My third series – the portfolio 'Black' – only comprises fully digitalised x-ray pictures

and digital photography. The title made the exhibition organisers in Beijing think of 'black light'.

RH: *Black could easily be linked with transitoriness, death and eventually even with the fact that many of your sandwich pictures show a different, maybe dark side of life and society. One might even discover the morbid charm of a pathologist, perhaps even a kind of (very Viennese) humour. On the other hand the effect of the black areas which interrelate with x-ray pictures and individual spots of colour – often red – plays an important role for the viewer.*

WS: I had actually found a new area to explore in x-ray art photography as, earlier on, artists obviously did not really have much to do with x-ray photography and, likewise, radiologists seldom worked with photography. I try to tell stories in my sandwich pictures – the picture of the mother yearning for death; the abandoned husband, badly in debt, being badgered by a rat, but who holds on firmly to old values and prosperity; a shark swallowing sweets …

RH: *The fourth series 'Virtual Reality' (2011) is also dominated by sandwich pictures. The conceptual series 'Workout' stands out in particular – with its transformation of a jointed musical puppet into an athlete, an x-ray house with real inhabitants and the long-distance train on a moonlit night – and is reminiscent of Nick Veasey's large works. Your current portfolio 'Graphix' (2012) is in stark contrast to this. It has an almost mathematical rigidity and is inspired by M.C. Escher's work as well as by Op Art and concrete art presented in a totally new way. Is this your most mature series so far?*

WS: I did set myself very strict rules for the current series : a square format, only black-and white pictures and x-ray photos without real photos, all photos taken without a camera which is replaced by the x-ray machine with the graphic aesthetics and the objects themselves in the foreground. From a technical point of view, these are probably my most consequential pictures so far. But ultimately, I believe that an artist never matures in the sense of being 'perfect', but must continue working contextually – repetition would mean standing still!

BIOGRAFIE:
WERNER SCHUSTER, NEUNKIRCHEN

Geboren am 27.10.1957 in Wien als Sohn eines Ärzteehepaares.

Studium an der Medizinischen Universität Wien mit Promotion 1983.

Von 1984 bis 1992 Turnus und Facharztausbildung für Radiologie im Krankenhaus Neunkirchen/NÖ und in Wien.

1993 wurde in Neunkirchen die Röntgenordination eröffnet.

Mehrere Publikationen und Fachvorträge im In- und Ausland.

Neben anderen Interessen gab es seit dem 7. Lebensjahr eine feste Bindung zur Fotografie.

Über 200 Diavorträge in ganz Österreich.

Künstlerische Fotografie seit 2004, 2006 tauscht er den Beruf mit seiner Berufung.

Eröffnung der Fotogalerie Feuerbachl 2009 in Neunkirchen.

Mitglied im Österreichischen Ärzte-Kunst-Verein und in der Wiener Neustädter Künstlervereinigung.

2010 Aufnahme in den Künstlerhaus-Verein, Wien.

1. PORTFOLIO: X-FRUITS

Anlässlich der Präsentation eines neuen Mammografiegerätes entstanden. Es sollte die Schärfe an einem Tiefkühlfisch (Mammografiebild) gezeigt werden. In der Folge entstand 2004/05 ein kompletter Bilderzyklus mit dem Titel *X Fruits: Bilder ohne Kamera*. Entsprechend der Bild-Idee wurde durchleuchtet und die technischen Parameter festgelegt, danach mammografiert (28 bis 32 KV). Die Röntgenbilder wurden zuerst mittels Trommelscan digitalisiert und nach der Bearbeitung geprintet.

2. PORTFOLIO: VISIONS (2007–2008)

Großformatige analoge Fotografien mit Linhof-Technika III (Fachkamera 4 x 5 in) und Digitalisierung mit Trommelscan. Die digitalen Röntgenbilder wurden in der anschließenden Bearbeitung mit einem Computer-Grafikprogramm eingefügt und gemeinsam in einem Bild geprintet. In der Vergangenheit hat man künstlerisch offensichtlich fast immer das Röntgenbild allein verwendet (abgesehen von der Werbefotografie). Mit den großformatigen Kombinationsbildern wird fotografisches Neuland betreten.

3. PORTFOLIO: Black (2009/10)

Großformatige Röntgenbilder (analog und digital) sowie digitale Röntgenbilder gemeinsam auf einem Bild.

4. PORTFOLIO: Virtual Reality (2011)

Digitale Röntgenbilder kombiniert mit Digitalfotografie.

5. PORTFOLIO: Graphix (2012)

Digitale Röntgenbilder, Schwarz-Weiß-Aufnahmen, Computer-Bearbeitung mit Grafikprogramm.

BIOGRAPHY:
WERNER SCHUSTER, NEUNKIRCHEN

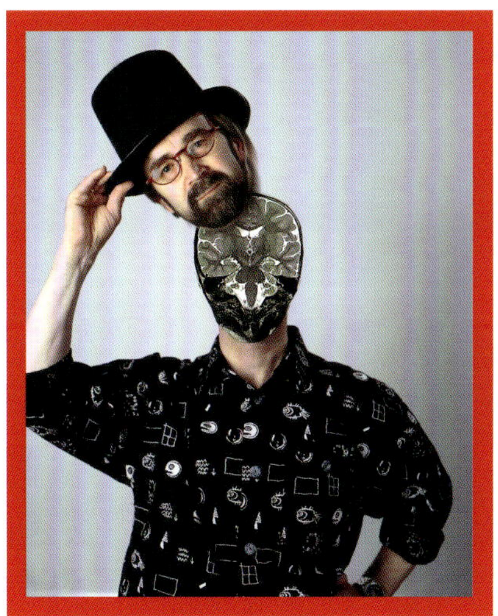

Born on 27 October, 1957, in Vienna – both parents were doctors.

Study of Medicine at the University of Vienna, graduating in 1983.

From 1984 to 1992 internship and specialist training for radiology at the hospital in Neunkirchen, Lower Austria, and in Vienna. 1993 opening of x-ray surgery in Neunkirchen. Several publications and specialist lectures at home and abroad.

Closely connected to photography from the age of 7, in addition to other interests. More than 200 slide presentations throughout Austria.

Artistic photography since 2004, changing his profession in favour of his vocation in 2006.

2009 opening of the Feuerbach photo gallery in Neunkirchen.

Member of Austrian Doctors' Art Association and the Wiener Neustädter Artists' Association.

2010 admission to the Vienna Künstlerhaus association.

1. PORTFOLIO : 'X-FRUITS'

Created following the presentation of a new mammography machine. The sharpness of the mammographs was to be demonstrated using a deep-frozen fish. This led to a whole picture cycle in 2004/2005 entitled 'X-Fruits: Pictures taken without a camera'.

In keeping with the pictorial concept, x-rays were taken, the technical parameters defined and then mammographed (28–32 kV). The x-ray pictures were first digitalised using a drum scanner and then printed after being reworked.

2. PORTFOLIO: 'VISIONS' (2007–08)

Large-format, analogue photos taken with a Linhof Technika III (professional 4 x 5 in. camera) and digitalised using a drum scanner. The digital x-ray pictures were added in the processing stage using a graphics programme and printed as one picture. In the past, x-ray pictures were seemingly always used on their own for artistic purposes (with the exception of advertising photographs). With these large-format, sandwich pictures new photographic territory has been explored.

3. PORTFOLIO: 'BLACK' (2009/10)

Large-format x-ray pictures (analogue and digital) as well as digital x-ray pictures in one image.

4. PORTFOLIO : 'VIRTUAL REALITY' (2011)

Digital x-ray pictures combined with digital photography.

5. PORTFOLIO: GRAPHIX (2012)

Digital x-ray pictures, black-and-white photos, computer processing with graphics programme.

AUSSTELLUNGEN:

GRUPPENAUSSTELLUNGEN

März 2007: Karmeliterkirche, Wiener Neustadt, Niederösterreich

Juni 2008: AKH-Galerie, Wien, Österreich

Mai 2011: Benediktinerabtei Tihany, Ungarn

Sept. 2011: St. Peter an der Sperr, Wiener Neustadt, Niederösterreich

Nov. 2011: AKH-Galerie, Wien, Österreich

Feb. 2012: Stadtmuseum Wiener Neustadt, Niederösterreich

Apr. 2012: Kunstverein Köszeg, Köszeg, Ungarn

Mai 2012: Hungarian Cultur Center, Prag, Tschechien

Juli 2012: Austria Center Vienna, Wien, Österreich

Okt. 2012: St. Peter an der Sperr, Wiener Neustadt, Niederösterreich

Nov. 2012: AKH-Galerie, Wien, Österreich

Werner Schuster – Homepage und E-Mail

www.x-art.name   x-art@dr-schuster.at

EINZELAUSSTELLUNGEN

Januar 2006: Stadtgalerie im Herrenhaus, Ternitz, Niederösterreich

März 2006: ECR 2006, Austria Center Vienna, Wien, Österreich

März 2006: Galerie im Rathaus, Mürzzuschlag, Steiermark

Juli 2006: Raiffeisenbank, Neunkirchen, Niederösterreich

Okt. 2006: Deutsche Telekom AG, Neuss, Deutschland

Januar 2007: Philips-Galerie, Wien, Österreich

März 2007: Karmeliterkirche, Wiener Neustadt, Niederösterreich

Okt. 2008: Kulturcentrum, Wimpassing, Niederösterreich

Okt. 2009: Fotowerkstatt & Galerie Nieser, Stuttgart, Deutschland

Nov. 2009: KUD France Prešeren, Ljubljana, Slowenien

März 2010: Fotogalerie Feuerbachl, Neunkirchen, Niederösterreich

Mai 2010: Fachhochschule Wiener Neustadt, Wiener Neustadt, Niederösterreich

Januar 2011: Fotogalerie Feuerbachl, Neunkirchen, Niederösterreich

Februar 2011: Three Shadows Photography Art Center, Chaoyang/Peking, China

März 2011: Fotowerkstatt & Galerie Nieser, Stuttgart, Deutschland

Juni 2011: Granary Contemporary Image Center, Lanzhou, China

Juli 2011: Bergerhaus, Gumpoldskirchen, Niederösterreich

Okt. 2012: Kunstraum O, Eisenstadt, Burgenland

Nov. 2012: BSA-Galerie, Wien, Österreich

EXHIBITIONS:

GROUP EXHIBITIONS

March 2007: Karmeliterkirche, Wiener Neustadt, Lower Austria

June 2008: AKH-Galerie, Vienna, Austria

May 2011: Tihany Abbey, Hungary

September 2011: St. Peter an der Sperr, Wiener Neustadt, Lower Austria

November 2011: AKH-Galerie, Vienna, Austria

February 2012: Stadtmuseum Wiener Neustadt, Lower Austria

April 2012: Kunstverein Köszeg, Köszeg, Hungary

May 2012: Hungarian Cultur Center, Prague, Czech Republic

July 2012: Austria Center Vienna, Vienna, Austria

October 2012: St. Peter an der Sperr, Wiener Neustadt, Lower Austria

November 2012: AKH-Galerie, Vienna, Austria

Werner Schuster – website and e-mail

www.x-art.name x-art@dr-schuster.at

SOLO EXHIBITIONS

January 2006: Stadtgalerie im Herrenhaus, Ternitz, Lower Austria

March 2006: ECR 2006, Austria Center Vienna, Vienna, Austria

March 2006: Galerie im Rathaus, Mürzzuschlag, Steiermark

July 2006: Raiffeisenbank, Neunkirchen, Lower Austria

October 2006: Deutsche Telekom AG, Neuss, Germany

January 2007: Philips-Galerie, Vienna, Austria

March 2007: Karmeliterkirche, Wiener Neustadt, Lower Austria

October 2008: Kulturcentrum, Wimpassing, Lower Austria

October 2009: Fotowerkstatt & Galerie Nieser, Stuttgart, Germany

November 2009: KUD France Prešeren, Ljubljana, Slowenia

March 2010: Fotogalerie Feuerbachl, Neunkirchen, Lower Austria

May 2010: Fachhochschule Wiener Neustadt, Wiener Neustadt, Lower Austria

January 2011: Fotogalerie Feuerbachl, Neunkirchen, Lower Austria

February 2011: Three Shadows Photography Art Center, Chaoyang/Beijing, China

March 2011: Fotowerkstatt & Galerie Nieser, Stuttgart, Germany

June 2011: Granary Contemporary Image Center, Lanzhou, China

July 2011: Bergerhaus, Gumpoldskirchen, Lower Austria

October 2012: Kunstraum O, Eisenstadt, Burgenland

November 2012: BSA-Galerie, Vienna, Austria

René Harather BA (⁕ 1969)

Studium der Geschichte an der Universität Wien; Musikpädagoge, Kulturschaffender und freier Publizist. Autor von mehr als ein Dutzend Büchern und Beiträgen über die Geschichte des südlichen Niederösterreich.

1998 erschien sein erstes Buch *Die Geschichte der Region und Stadt Ternitz*, das 2001 mit dem niederösterreichischen Kulturpreis im Bereich Geisteswissenschaften (Anerkennungspreis) ausgezeichnet wurde. Weitere Publikationen: *750 Jahre Wimpassing* (2000), *Unser Ternitz. Zum 650. Jahrestag der urkundlichen Ersterwähnung* (2002), *Hammerstiel 70 – Festschrift zum 70. Geburtstag des Malers Robert Hammerstiel, Ternitz, eine Stadt stellt sich vor, Otterthal* (alle 2003); als Herausgeber *40 Jahre Kulturverein Wimpassing* (2004), als Mitautor *Das Tagebuch des Zwangsarbeiters Francis Jeanno* (2005). 2006 erschienen die beiden Festschriften *80 Jahre Golfclub Semmering* und *Evangelisch in Ternitz – 55 Jahre Evangelische Pfarrgemeinde A. B. Ternitz* und die Ortsgeschichte *Breitenau*; zuletzt *Von der Tradition zur Innovation – Neunkirchner Betriebe im Wandel der Zeit*, herausgegeben von Hans Steinberger (2009), 2010 der Film *40 Jahre Firma Wiedner* (gemeinsam mit Franz Zwickl) und 2011 das Buch *Saftig – Säfte, Sirupe & Co selbstgemacht* (gemeinsam mit Andreas Sederl). Zuletzt kuratierte er für Österreichs zweitgrößten Büromöbelhersteller Neudoerfler Office Systems eine Ausstellung zum 65. Firmenjubiläum, und 2012 erschien die Firmengeschichte von Huyck.Wangner Austria, einer der weltweit führenden Hersteller technischer Textilien.

René Harather (*1969)

Degree in History from the University of Vienna, music teacher, creative artist and freelance journalist, author of dozens of books and articles on the history of Southern Lower Austria.

Harather's first book, *Die Geschichte der Region und Stadt Ternitz*, was published in 1968 and was awarded the Culture Prize of Lower Austria in the Arts Sector (Complementary Award). Further publications include: *750 Jahre Wimpassing* (2000), *Unser Ternitz. Zum 650. Jahrestag der urkundlichen Ersterwähnung* (2002), *Hammerstiel 70 – Festschrift zum 70. Geburtstag des Malers Robert Hammerstiel, Ternitz, eine Stadt stellt sich vor, Otterthal* (all 2003); editor of *40 Jahre Kulturverein Wimpassing* (2004), co-author of *Das Tagebuch des Zwangsarbeiters Francis Jeanno* (2005). 2006 two commemorative publications: *80 Jahre Golfclub Semmering* and *Evangelisch in Ternitz – 55 Jahre Evangelische Pfarrgemeinde A.B. Ternitz* and the local history of *Breitenau*; in 2009: *Von der Tradition zur Innovation – Neunkirchner Betriebe im Wandel der Zeit*, edited by Hans Steinberger, 2010 the film: *40 Jahre Firma Wiedner* (together with Franz Zwickl) and 2011 the book: *Saftig – Säfte, Sirupe & Co selbstgemacht* (together with Andreas Sederl). He was recently the curator of an exhibition to mark the 65th anniversary of Austria's second largest office furniture company – Neudoerfler Office Systems and, in 2012, the history of Huyck.Wangner Austria, one of the world's leading producers of technical textiles, was published.

1   Otto Glasser, Wilhelm Conrad Röntgen und die Geschichte der Röntgenstrahlen, Berlin/Heidelberg 1995 [= Glasser], S. 39f.; http://de.wikipedia.org/wiki/Wilhelm_Conrad_Roentgen [= Wikipedia Wilhelm Conrad Röntgen]; Fotografie und das Unsichtbare, 1840–1900, hg. von Corey Keller (Publikation zur gleichnamigen 467. Ausstellung der Albertina Wien), Wien 2009 [= Fotografie und das Unsichtbare], o. S.; Caroline Artz, Indizieren – Visualisieren. Über die fotografische Aufzeichnung von Strahlen, Berlin 2011 [= Artz], S. 105f.

2   http://de.wikipedia.org/wiki/Johann_Wilhelm_Hittorf; http://de.wikipedia.org/wiki/William_Crookes; Lynne Allen Leopold, Radiology at the University of Pennsylvania 1890–1975, hg. von University of Pennsylvania Press, 1981, S. 3ff.; Glasser, S. 193f.; http://www.uphs.upenn.edu/radiology/about/history/

3   Glasser, S. 14f., 22f., 39; Artz, S. 106f., 198; Wikipedia Wilhelm Conrad Röntgen

4   Glasser, S. 11f., 176; Wikipedia Wilhelm Conrad Röntgen

5   Wikipedia Wilhelm Conrad Röntgen

6   Zitiert nach: Willi Stamer, 100 Jahre Röntgenröhren, Hamburg 1998, S. 8

7   Wikipedia Wilhelm Conrad Röntgen

8   Zitiert nach: Josef Maria Eder, Eduard Valenta, Versuche über Photographie mittelst der Röntgen'schen Strahlen, Wien 1896 [= Eder/Valenta], S. 3; Fotografie und das Unsichtbare, S. 69f.

9   Eder/Valenta, o. S.

10 Eder/Valenta, o. S.; Fotografie und das Unsichtbare, o. S.

11 http://de.wikipedia.org/wiki/Eduard_Haschek; http://www.radiolog.at/start.php?bereich=roentgen&nav=rundgang&lw=100_Jahre_Roentgen; Glasser, S. 211

12 http://en.wikipedia.org/wiki/John_Hall-Edwards; http://en.wikipedia.org/wiki/Alan_Archibald_Campbell-Swinton; http://www.luminous-lint.com/app/vexhibit/_THEME_Scientific_X_rays_01/4/0/0/

13 http://www.physikalischer-verein.de/historisches.htm; http://www.uni-leipzig.de/unigeschichte/professorenkatalog/leipzig/Koenig_881.pdf

14 Glasser S. 208f., 303f.; Artz, S. 160f.; Hermann Krone, Wolfgang Hesse, Historisches Lehrmuseum für Photographie. Experiment. Kunst. Massenmedium (Kupferstich-Kabinett der Staatlichen Kunstsammlungen Dresden, Technische Universität Dresden), Dresden 1998, S. 290f.; Walter König, 14 Photographien mit Röntgen-Strahlen aufgenommen im Physikalischen Verein zu Frankfurt a. M., Leipzig 1896

15 Glasser, S. 185; http://de.wikipedia.org/wiki/Arthur_Schuster; http://www.lancashirepioneers.com/schuster/pioneer.asp

16 Fotografie und das Unsichtbare, o. S.; http://expositions.bnf.fr/objets/grand/183.htm; Artz, S. 145; http://photobibliothek.ch/seite003b6.html

17 Artz, S. 145f.; http://nl.wikipedia.org/wiki/Eug%C3%A8ne_Ducretet

18 Glasser, S. 39f.; http://www.luminous-lint.com/app/vexhibit/_THEME_Scientific_X_rays_01/4/0/0/; Fotografie und das Unsichtbare, o. S.; http://news.harvard.edu/gazette/1999/08.19/med_exhibition.html; http://users.telenet.be/microscopie/nl/heurck.htm

19 Fotografie und das Unsichtbare, o. S.

20 http://www.ajronline.org/content/160/2/260.full.pdf; Glasser, S. 207

21 http://cgma.wordpress.com/2012/03/21/21-mars-1927-joseph-jougla/; Fotografie und das Unsichtbare, o. S.

22 http://forum.birminghamandsuburbs.co.uk/index.php?topic=1421.0;wap2; Glasser, S. 342

23 http://www.luminous-lint.com/app/vexhibit/_THEME_Scientific_X_rays_01/4/0/0/

24 http://www.photo.rmn.fr/cf/htm/CSearchZ.aspx?o=&Total=20&FP=37019586&E=2K1KTSUC46KAR&SID=2K1KTSUC46KAR&New=T&Pic=4&SubE=2C6NU0B29YN4; D. Müller, W. Sandritter, G. Schwaiger, Eine Methode zur röntgenhistoradiographischen Trockengewichtsbestimmung, in: Histochemistry and Cell Biology, Berlin/Heidelberg 1959, Bd. 1, Nr. 6, S. 420–437, bes. S. 420

25 http://kmd-z.dmu.ac.uk/exhibit_details.php?serial=32965; Merrill C. Raikes, Floral Radiography: Using X rays to Create Fine Art, in: RadioGraphics 2003 (23:5), S. 1149–1154 [= Raikes], S. 1150

26 http://www.sciencenews.org/view/generic/id/2069; http://www.sciencenews.org/view/generic/id/7832

27 http://www.ontarioosteopaths.ca/2012/04/osteopath-month-dain-tasker-march-2012/; http://www.nytimes.com/2000/10/06/arts/art-in-review-dr-dain-l-tasker.html; http://www.beyondlight.com/whatis.html; http://www.josephbellows.com/artists/dr-dain-l-tasker/bio/; http://www.phillipsdepury.com/auctions/lot-detail/DR-DAIN-L-TASKER/NY040210/161/14/1/12/detail.aspx; Raikes, S. 1150; Bert Myers, Inner Beauty of Nature. X-Ray Photography, Sunderland/Vermont 2007 [= B. Myers], S. 9

28 http://de.wikipedia.org/wiki/Man_Ray

29 http://nga.gov.au/Rauschenberg/; http://de.wikipedia.org/wiki/Robert_Rauschenberg

30 Helmut Newton, Work, hg. von Manfred Heiting, Köln/London/Los Angeles/Madrid/Paris/Tokio 2000, S. 114f.; http://www.phillipsdepury.com/auctions/lot-detail/HELMUT-NEWTON/NY040110/16/1/1/12/detail.aspx?returned_url=/search.aspx&search=Newton&p=3

31 Albert G. Richards, The secret garden. 100 floral radiographs, Ann Arbor 1990, o. S., 6; Raikes, S. 1150, 1154; B. Myers, S. 9; http://www-personal.umich.edu/~agrxray/history.html; http://flowerxrays.com/bio.htm

32 B. Myers, S. 144; http://www.beyondlight.com/aboutartist.html; http://www2.rangefindermag.com/magazine/June04/showpage.taf?page=singer.html; Albert Koetsier, Beyond Light. X-Ray Photography of Nature, www.blurb.com/books/2111534

33 B. Myers, S. 148; http://www.xray-art.com/; Michelle Kahan, Second nature: Steven N. Meyers brings new life to floral photograohy with x-ray technology, in: Art Business News, 1. Oktober 2003, o. S.; http://theberry.com/2010/09/03/fine-art-x-ray-photography-by-steven-meyers-24-photos/

34 Vgl. Fußnote 27

35 Raikes o. S.; http://www.smith.edu/garden/exhibits/xray/index.html; B. Myers S. 150

36 William Conklin, Inner Dimensions. The Radiographic World of William Conklin, Waco/Texas 1995; B. Myers, S. 140; http://www.ncsrt.org/docs/TarHeel%20Techno%20NEWS.pdf

37 B. Myers, S. 142; www.x-rayarts.com

38 http://www.judithkmcmillan.com/; B. Myers, S. 146, 152; http://www.xrayartdesign.co.uk/; http://snailshots.com/; http://taylorimaging.smugmug.com/; http://www.fineartradiography.com/

39 Nick Blaser, Roentgenkunst. X-Ray Art, Basel 1990; www.blasernick.ch/

40 http://www.ars-intrinsica.com

41 http://www.reichmann.cx/; http://blog.westlicht.com/blog/index-19344.php

42 http://www.mariannehaas.com/

43 Röntgenportrait, hg. von Torsten Seidel und Friederike Meyer, Berlin 2005; www.torseidel.de

44 www.xrayartist.com; B. Myers, S. 156; www.gustoimages.com

45 www.alternativephotos.com

46 www.satre.org/; www.radiologyart.com

47 www.ahmedmater.com

48 Xavier Lucchesi, Picasso X-Rays, Paris 2006; Xavier Lucchesi, Africa X-Ray, Paris 2008; www.x-lucchesi.com/

49 www.art-dolls.com

50 Seiju Toda, X = T. The Art of X-Ray Photography, New York 1995

51 www.toseeinthedark.it; Benedetta Bonichi. To see in the dark, X-Ray Works 1999–2003, in: ECR European Congress of Radiology, March 5–9, 2004 (Ausstellungskatalog)

52 www.wimdelvoye.be; http://de.wikipedia.org/wiki/Wim_Delvoye

53 http://en.wikipedia.org/wiki/Nick_Veasey; Nick Veasey, X-ray – See Through the World Around You, London 2008; http://www.nickveasey.com/

1 Otto Glasser, *Wilhelm Conrad Röntgen und die Geschichte der Röntgenstrahlen*, Berlin/Heidelberg 1995 [= Glasser], p. 39f.; http://de.wikipedia.org/wiki/Wilhelm_Conrad_Roentgen [= Wikipedia Wilhelm Conrad Röntgen]; *Fotografie und das Unsichtbare, 1840–1900*, ed. by Corey Keller (publication to accompany the 467th exhibition of the same name at the Albertina, Vienna), Vienna 2009 [= *Fotografie und das Unsichtbare*], n.p; Caroline Artz, *Indizieren – Visualisieren. Über die fotografische Aufzeichnung von Strahlen*, Berlin 2011 [= Artz], p. 105f.

2 http://de.wikipedia.org/wiki/Johann_Wilhelm_Hittorf; http://de.wikipedia.org/wiki/William_Crookes; Lynne Allen Leopold, *Radiology at the University of Pennsylvania 1890–1975*, ed. by the University of Pennsylvania Press, 1981, p. 3ff.; Glasser, p. 193f.; http://www.uphs.upenn.edu/radiology/about/history/

3 Glasser, pp. 14f., 22f., 39; Artz, p. 106f., 198; Wikipedia Wilhelm Conrad Röntgen

4 Glasser, pp. 11f., 176; Wikipedia Wilhelm Conrad Röntgen

5 Wikipedia Wilhelm Conrad Röntgen

6 Cited after: Willi Stamer, *100 Jahre Röntgenröhren*, Hamburg 1998, p. 8

7 Wikipedia Wilhelm Conrad Röntgen

8 Cited after: Josef Maria Eder, Eduard Valenta, *Versuche über Photographie mittelst der Röntgen'schen Strahlen*, Vienna 1896 [= Eder/Valenta], p. 3; *Fotografie und das Unsichtbare*, p. 69f.

9 Eder/Valenta, n.p.

10 Eder/Valenta, n.p.; *Fotografie und das Unsichtbare*, n.p.

11 http://de.wikipedia.org/wiki/Eduard_Haschek; http://www.radiolog.at/start.php?bereich=roentgen&nav=rundgang&lw=100_Jahre_Roentgen; Glasser, p. 211

12 http://en.wikipedia.org/wiki/John_Hall-Edwards; http://en.wikipedia.org/wiki/Alan_Archibald_Campbell-Swinton; http://www.luminous-lint.com/app/vexhibit/_THEME_Scientific_X_rays _01/4/0/0/

13 http://www.physikalischer-verein.de/historisches.htm; http://uni-leipzig.de/unigeschichte/professorenkatalog/leipzig/Koenig_881.pdf

14 Glasser pp. 208f., 303f.; Artz, p. 160f.; Hermann Krone, Wolfgang Hesse, *Historisches Lehrmuseum für Photographie. Experiment. Kunst. Massenmedium* (Kupferstich-Kabinett der Staatlichen Kunstsammlungen Dresden, Technische Universität Dresden), Dresden 1998, p. 290f.; Walter König, *14 Photographien mit Röntgen-Strahlen aufgenommen im Physikalischen Verein zu Frankfurt a. M.*, Leipzig 1896

15 Glasser, p. 185; http://de.wikipedia.org/wiki/Arthur_Schuster; http://www.lancashirepioneers.com/schuster/pioneer.asp

16 *Fotografie und das Unsichtbare*, n.p.; http://expositions.bnf.fr/objets/grand/183.htm; Artz, p. 145; http://photobibliothek.ch/seite003b6.html

17 Artz, p. 159f.; http://de.wikipedia.org/wiki/Eug%C3%A8ne_Ducretet

18 Glasser, p. 39f.; http://www.luminous-lint.com/app/vexhibit/_THEME_Scientific_X_rays_01/4/0/0/; *Fotografie und das Unsichtbare*, n.p.; http://news.harvard.edu/gazette/1999/08.19/med_exhibition.html; http://users.telenet.be/microscopie/nl/heurck.htm

19 *Fotografie und das Unsichtbare*, n.p.

20 http://www.ajronline.org/content/160/2/260.full.pdf; Glasser, p. 207

21 http://cgma.wordpress.com/2012/03/21/21-mars-1927-joseph-jougla/; *Fotografie und das Unsichtbare*, n.p.

22 http://forum.birminghamandsuburbs.co.uk/index.php?topic=1421.0;wap2; Glasser, p. 342

23 http://www.luminous-lint.com/app/vexhibit/_THEME_Scientific_X_rays_01/4/0/0/

24 http://www.photo.rmn.fr/cf/htm/CSearchZ.aspx?o=&Total=20&FP=37019586&E=2K1KTSUC46KAR&SID=2K1KTSUC46KAR&New=T&Pic=4&SubE=2C6NU0B29YN4; D. Müller, W. Sandritter, G. Schwaiger, 'Eine Methode zur röntgenhistoradiographischen Trockengewichtsbestimmung' in *Histochemistry and Cell Biology*, Berlin/Heidelberg 1959, vol. 1, no. 6, pp. 420–37, esp. p. 420

25 http://kmd-z.dmu.ac.uk/exhibit_details.php?serial=32965; Merrill C. Raikes, 'Floral Radiography: Using X rays to Create Fine Art' in RadioGraphics 2003 (23:5), p. 1149–54 [= Raikes], p. 1150

26 http://www.sciencenews.org/view/generic/id/2069; http://www.science-news.org/view/generic/id/7832

27 http://www.ontarioosteopaths.ca/2012/04/osteopath-month-dain-tasker-march-2012/; http://www.nytimes.com/2000/10/06/arts/art-in-review-dr-dain-l-tasker.html; http://www.beyondlight.com/whatis.html; http://www.josephbellows.com/artists/dr-dain-l-tasker/bio/; http://www.phillipsdepury.com/auctions/lot-detail/DR-DAIN-L-TASKER/NY040210/161/14/1/12/detail.aspx; Raikes, S. 1150; Bert Myers, *Inner Beauty of Nature. X-Ray Photography*, Sunderland/Vermont 2007 [= B. Myers], p. 9

28 http://de.wikipedia.org/wiki/Man_Ray

29 http://nga.gov.au/Rauschenberg/; http://de.wikipedia.org/wiki/Robert_Rauschenberg

30 Helmut Newton, Work, ed. by Manfred Heiting, Cologne/London/Los Angeles/Madrid/Paris/Tokyo 2000, p. 114f.; http://www.phillipsdepury.com/auctions/lot-detail/HELMUT-NEWTON/NY040110/16/1/1/12/detail.aspx?returned_url=/search.aspx&search=Newton&p=3

31 Albert G. Richards, *The Secret Garden. 100 Floral Radiographs*, Ann Arbor 1990, n.p., 6; Raikes, pp. 1150, 1154; B. Myers, p. 9; http://www-personal.umich.edu/~agrxray/history.html; http://flowerxrays.com/bio.htm

32 B. Myers, p. 144; http://www.beyondlight.com/aboutartist.html; http://www2.rangefindermag.com/magazine/June04/showpage.taf?page=singer.html; Albert Koetsier, *Beyond Light. X-Ray Photography of Nature*, www.blurb.com/books/2111534

33 Myers, p. 148; http://www.xray-art.com/; Michelle Kahan, 'Second nature: Steven N. Meyers brings new life to floral photograohy with x-ray technology' in Art Business News, 1. October 2002, n.p.; http://theberry.com/2010/08/03/fine-art-x-ray-photography-by-steven-meyers-24-photos/

34 B. Myers, n.p.; http://www.bmyersphoto.com/

35 Raikes n.p., http://www.smith.edu/garden/exhibits/xray/index.html; B. Myers p. 150

36 William Conklin, *Inner Dimensions. The Radiographic World of William Conklin*, Waco/Texas 1995; B. Myers, p. 140; http://www.ncsrt.org/docs/TarHeel%20Techno%20NEWS.pdf

37 B. Myers, p. 142; www.x-rayarts.com

38 http://www.judithkmcmillan.com/; B. Myers, pp. 146, 152; http://www.xra-yartdesign.co.uk/; http://snailshots.com/; http://taylorimaging.smugmug.com/; http://www.fineartradiography.com/

39 Nick Blaser, *Roentgenkunst. X-Ray Art*, Basel 1990; www.blasernick.ch/

40 http://www.ars-intrinsica.com

41 http://www.reichmann.cx/; http://blog.westlicht.com/blog/index-19344.php

42 http://www.mariannehaas.com/

43 *Röntgenportrait*, ed. by Torsten Seidel and Friederike Meyer, Berlin 2005; www.torseidel.de

44 www.xrayartist.com; B. Myers, p. 156; www.gustoimages.com

45 www.alternativephotos.com

46 www.satre.org/; www.radiologyart.com

47 www.ahmedmater.com

48 Xavier Lucchesi, *Picasso X-Rays*, Paris 2006; Xavier Lucchesi, *Africa X-Ray*, Paris 2008; www.x-lucchesi.com/

49 www.art-dolls.com

50 Seiju Toda, *X = T. The Art of X-Ray Photography*, New York 1995

51 www.toseeinthedark.it; Benedetta Bonichi, 'To See in the Dark, X-Ray Works 1999–2003' in ECR European Congress of Radiology, March 5–9, 2004 (exhib. cat.)

52 www.wimdelvoye.be; http://de.wikipedia.org/wiki/Wim_Delvoye

53 http://en.wikipedia.org/wiki/Nick_Veasey; Nick Veasey, *X-Ray – See Through the World Around You*, London 2008; http://www.nickveasey.com/

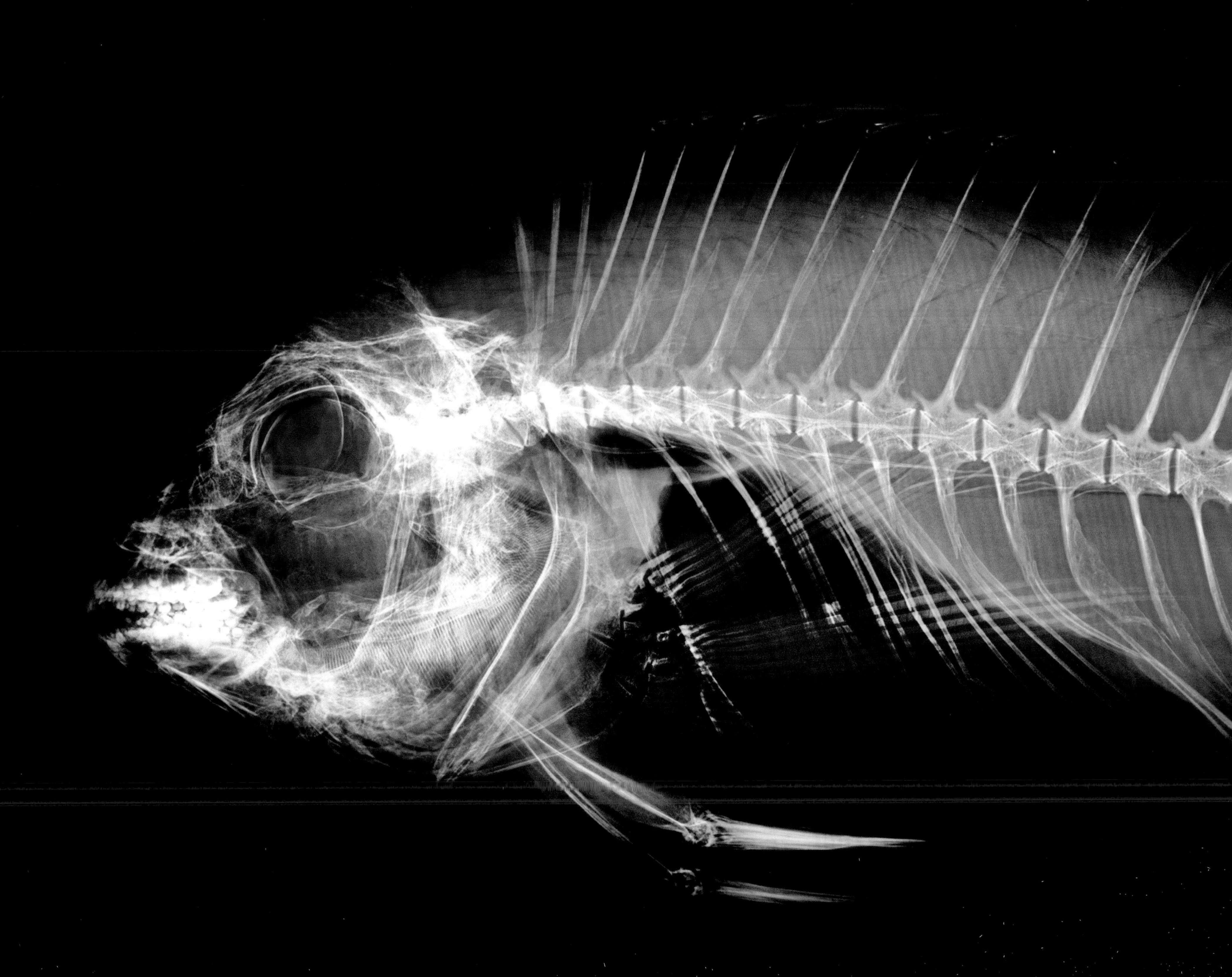

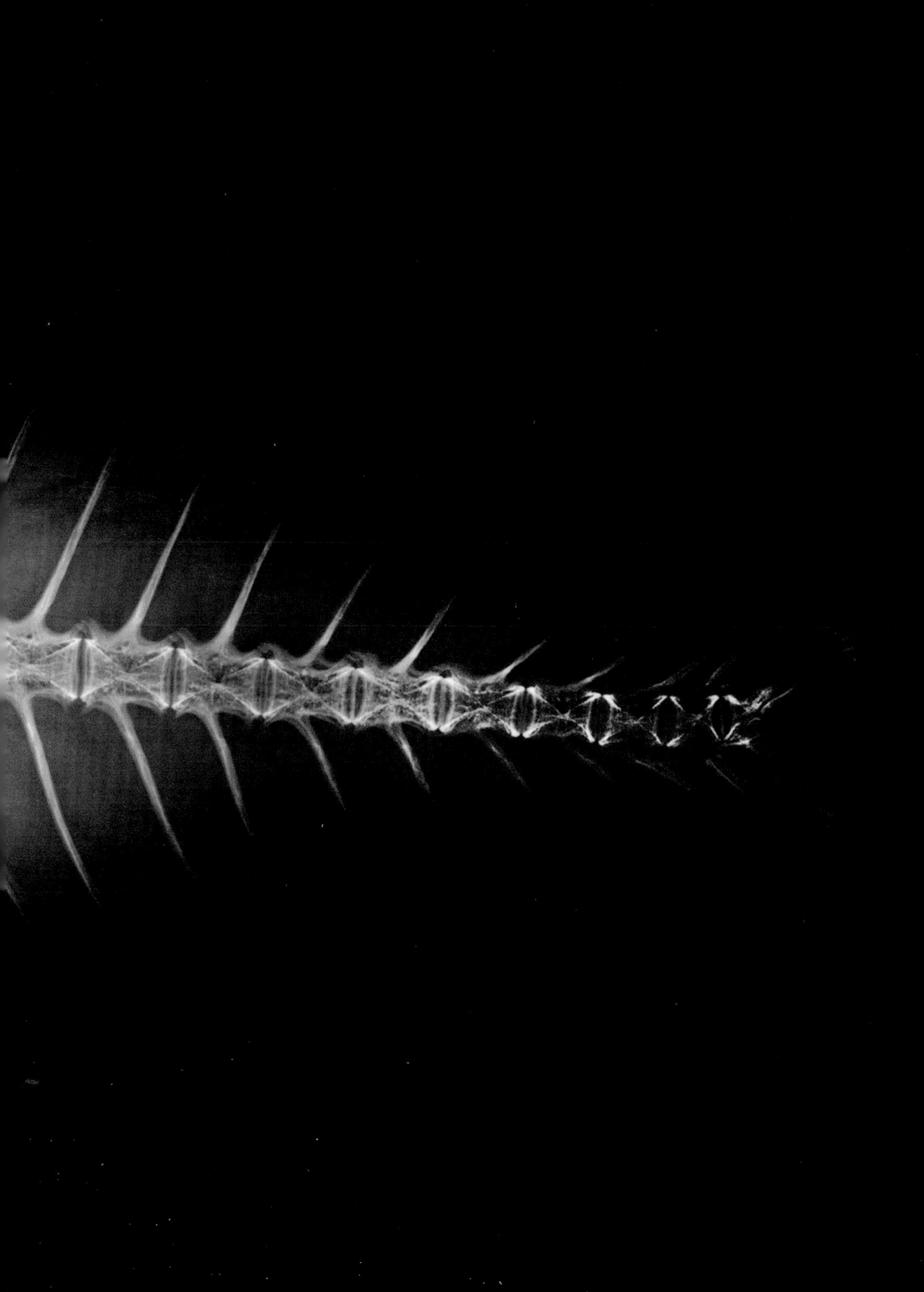

1. Portfolio

X-FRUITS

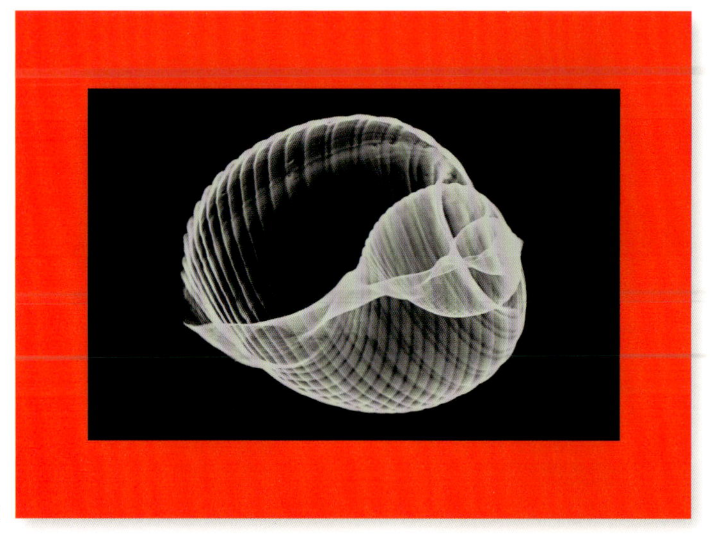

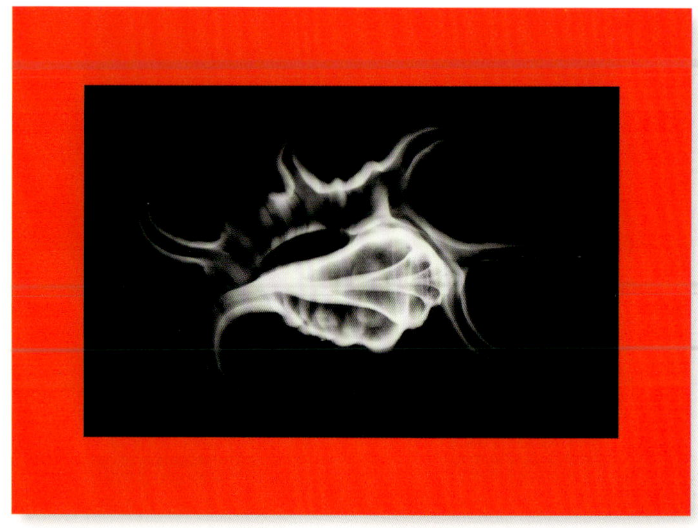

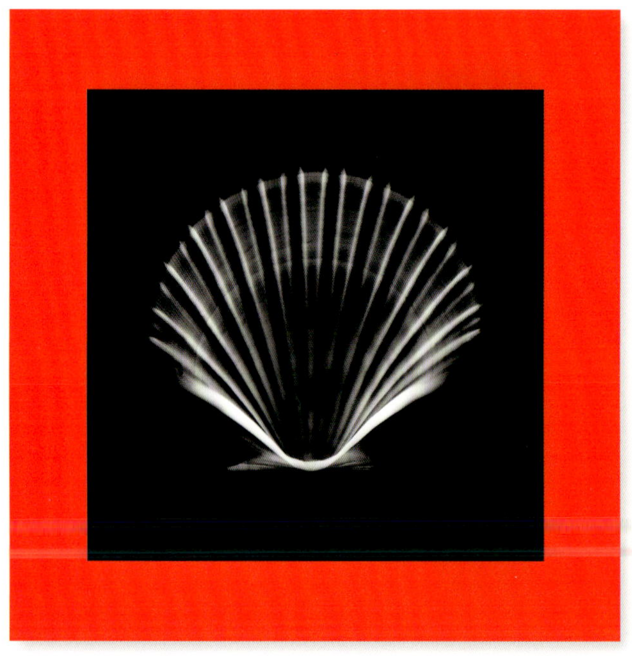

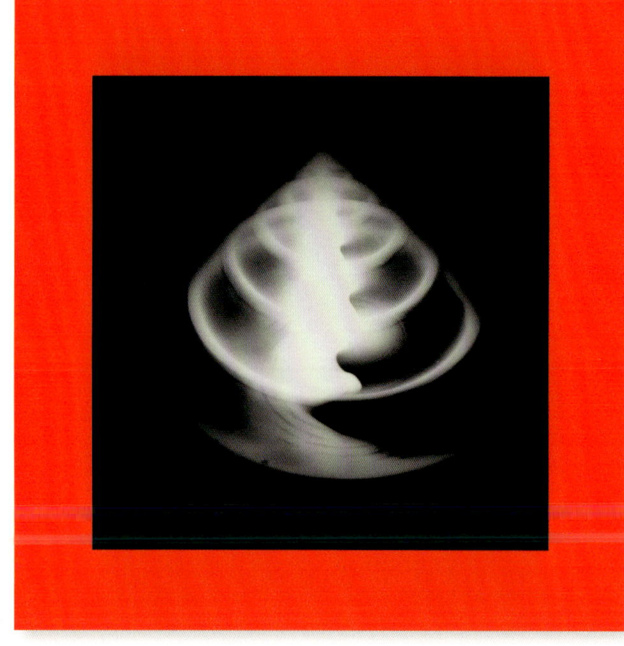

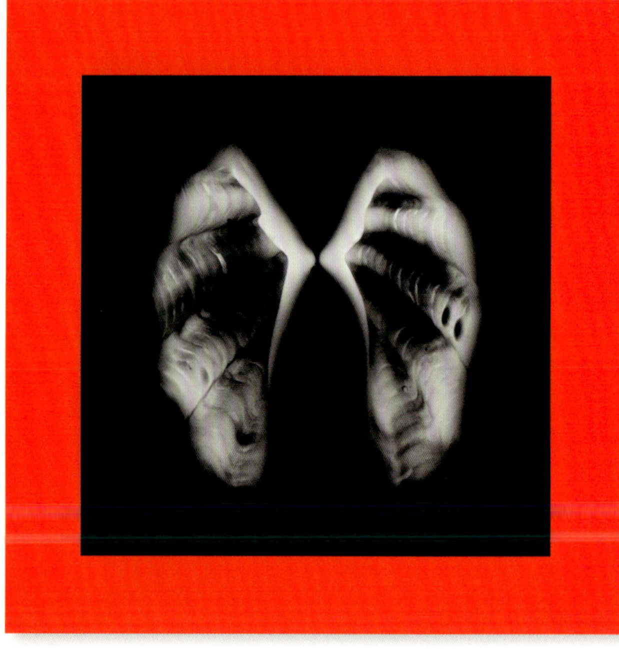

1 **Giant**, c-print, 80 × 110 cm

2 **Scan 1**, c-print, 80 × 111 cm

3 **Shell**, c-print, 76 × 76 cm

4 **Pyramid**, c-print, 76 × 76 cm

5 **Beside**, c-print, 90 × 90 cm

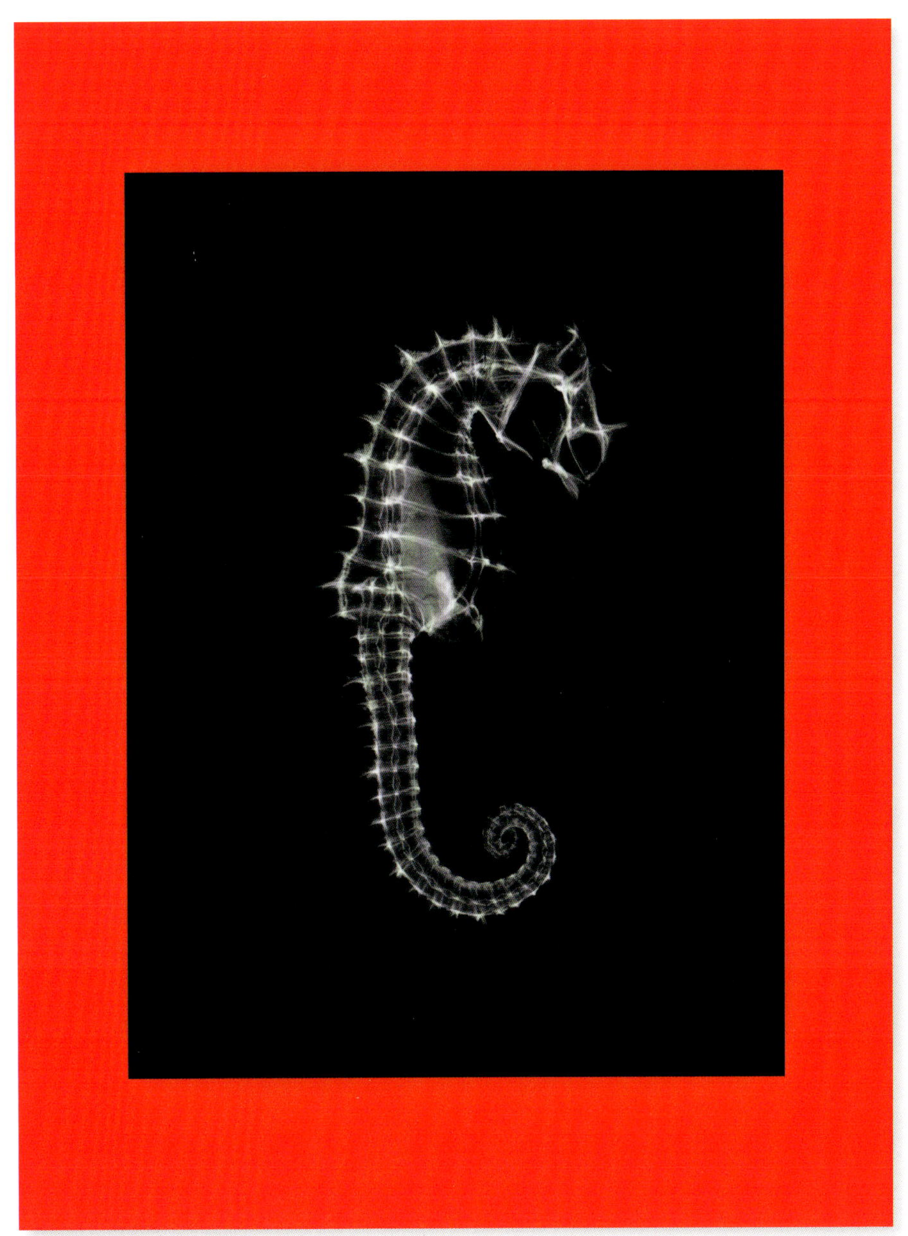

Seahorse, c-print, 120 × 90 cm

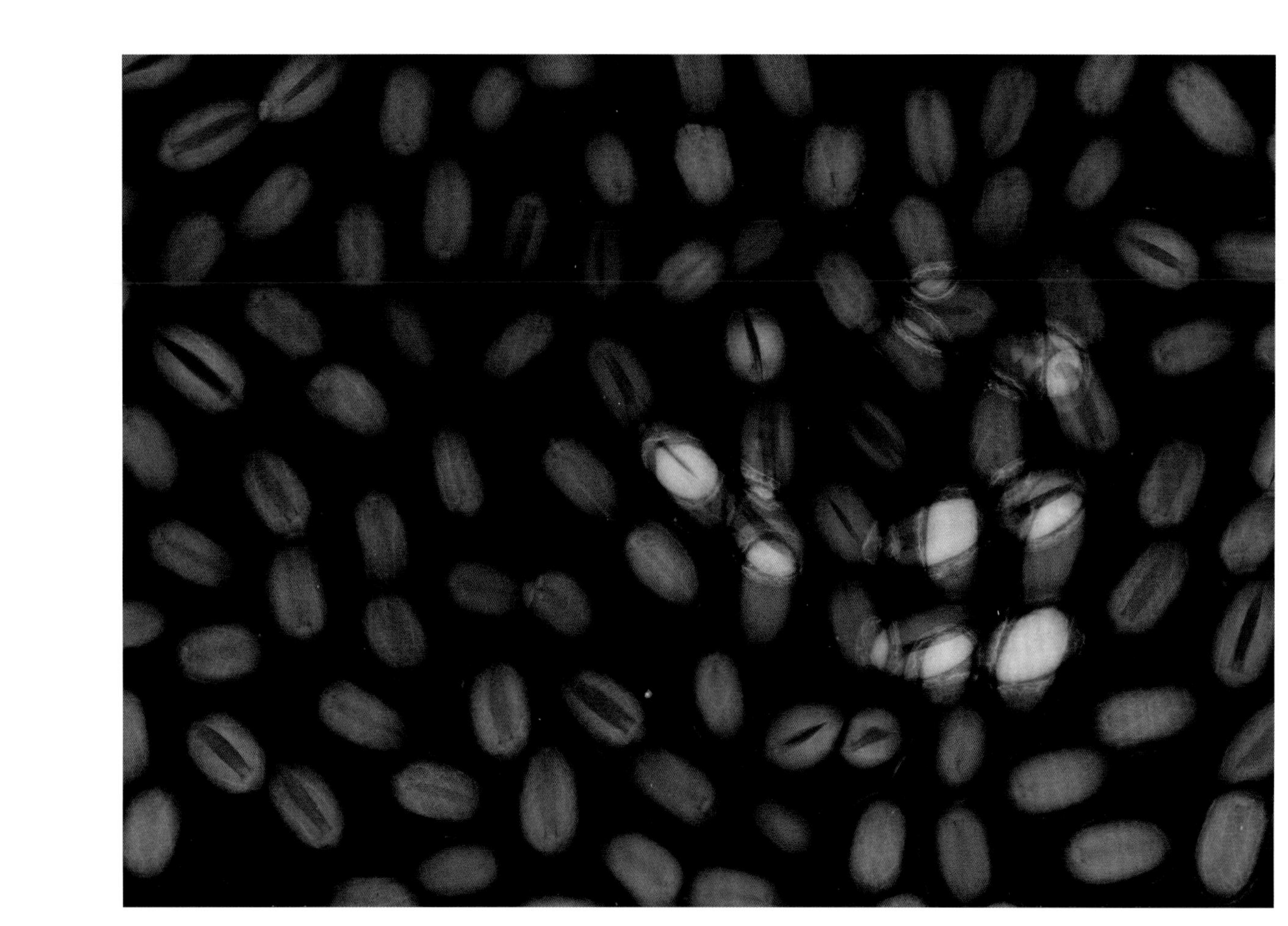

Peanuts, c-print, 96 × 125 cm

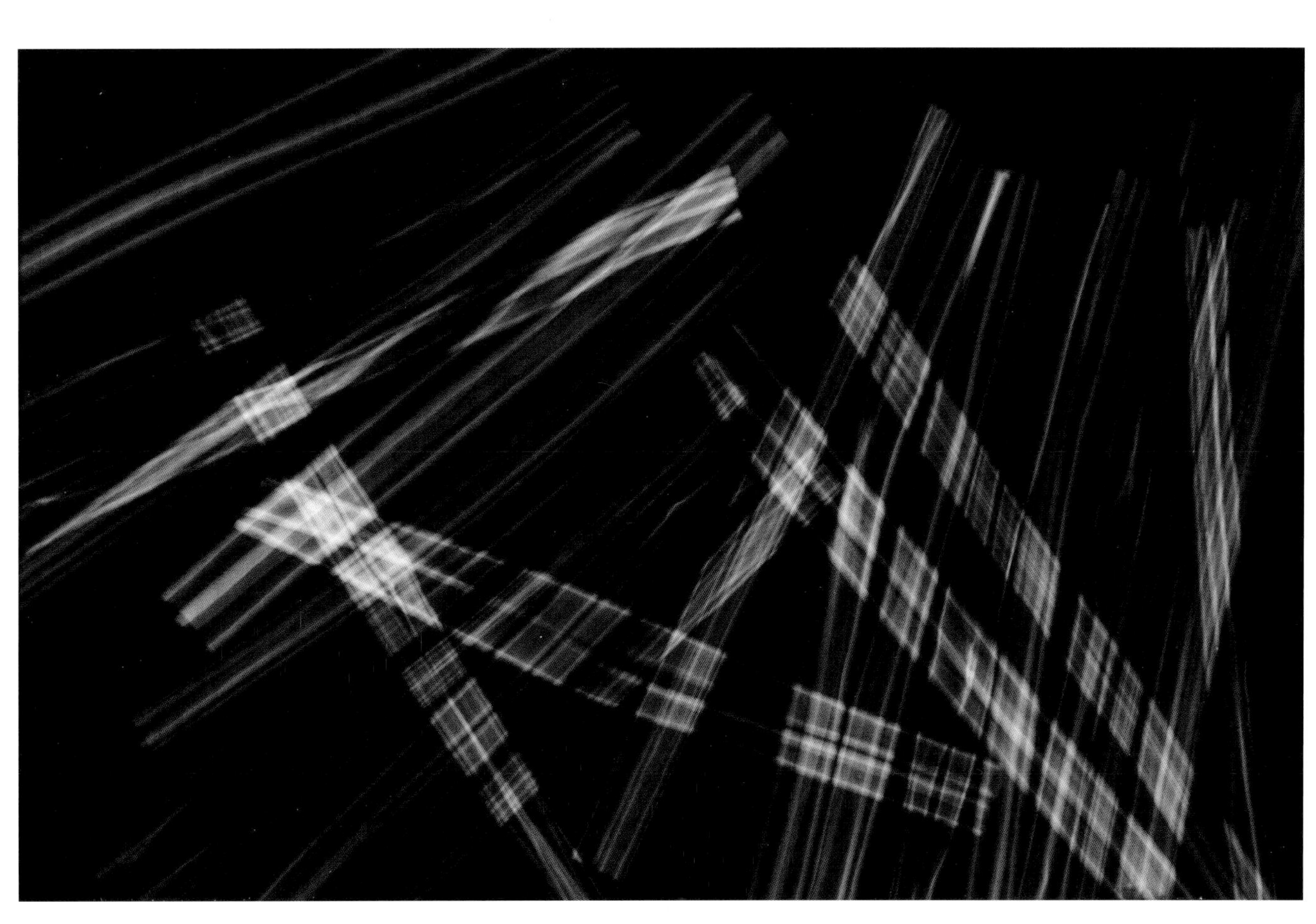

Cinnamon, c-print, 80×111 cm

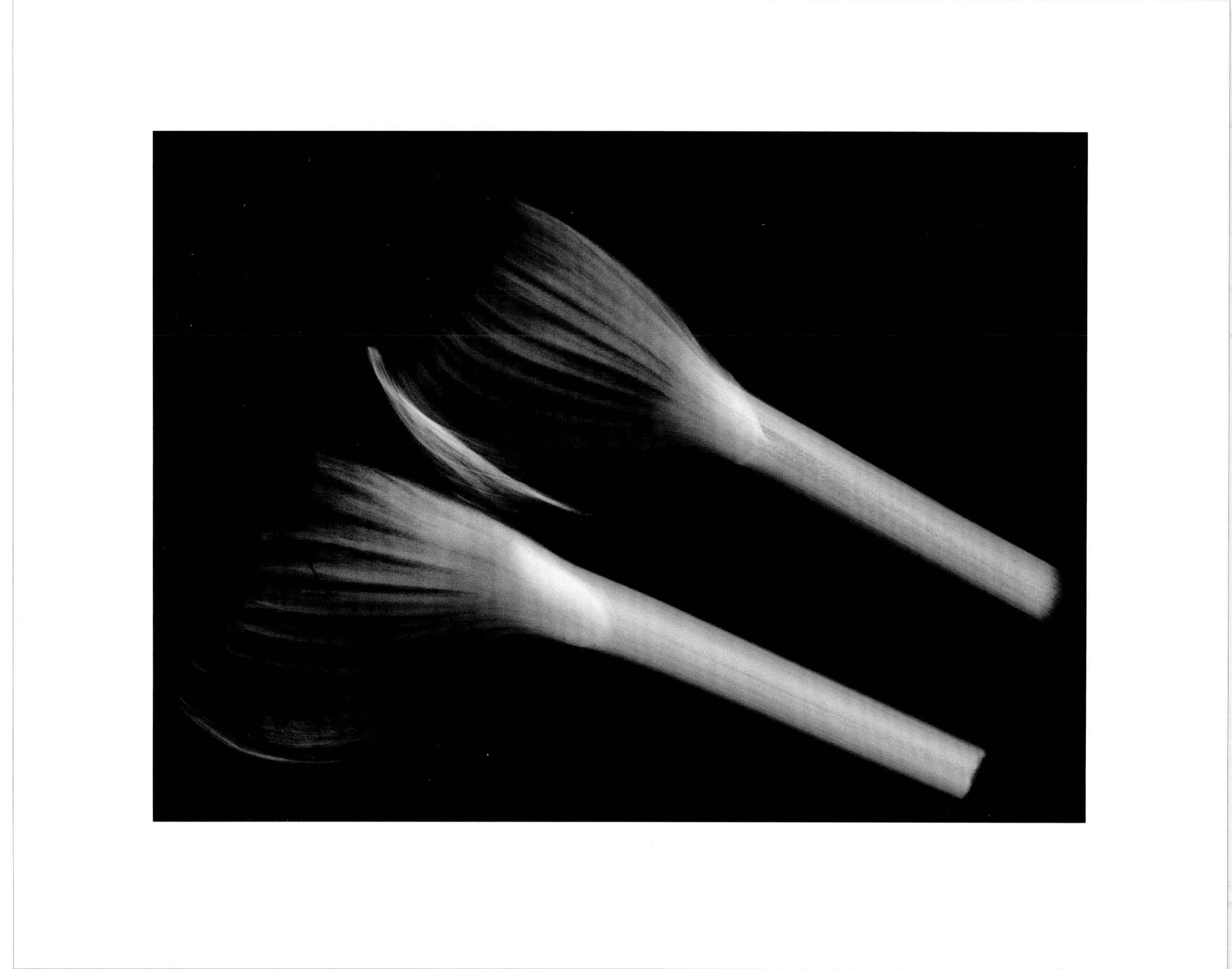

Two Leaves, c-print, 96×125 cm

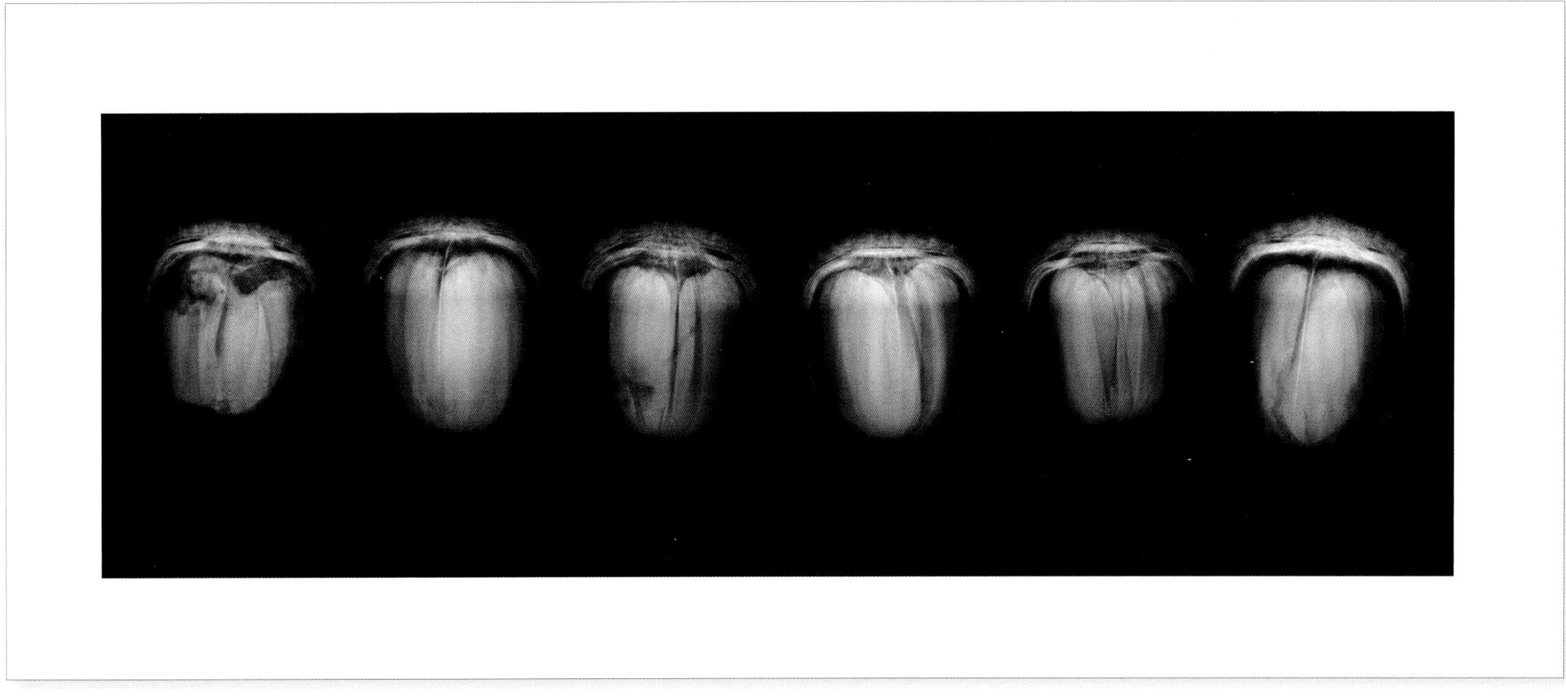

Six Nuts, c-print, 65 × 150 cm

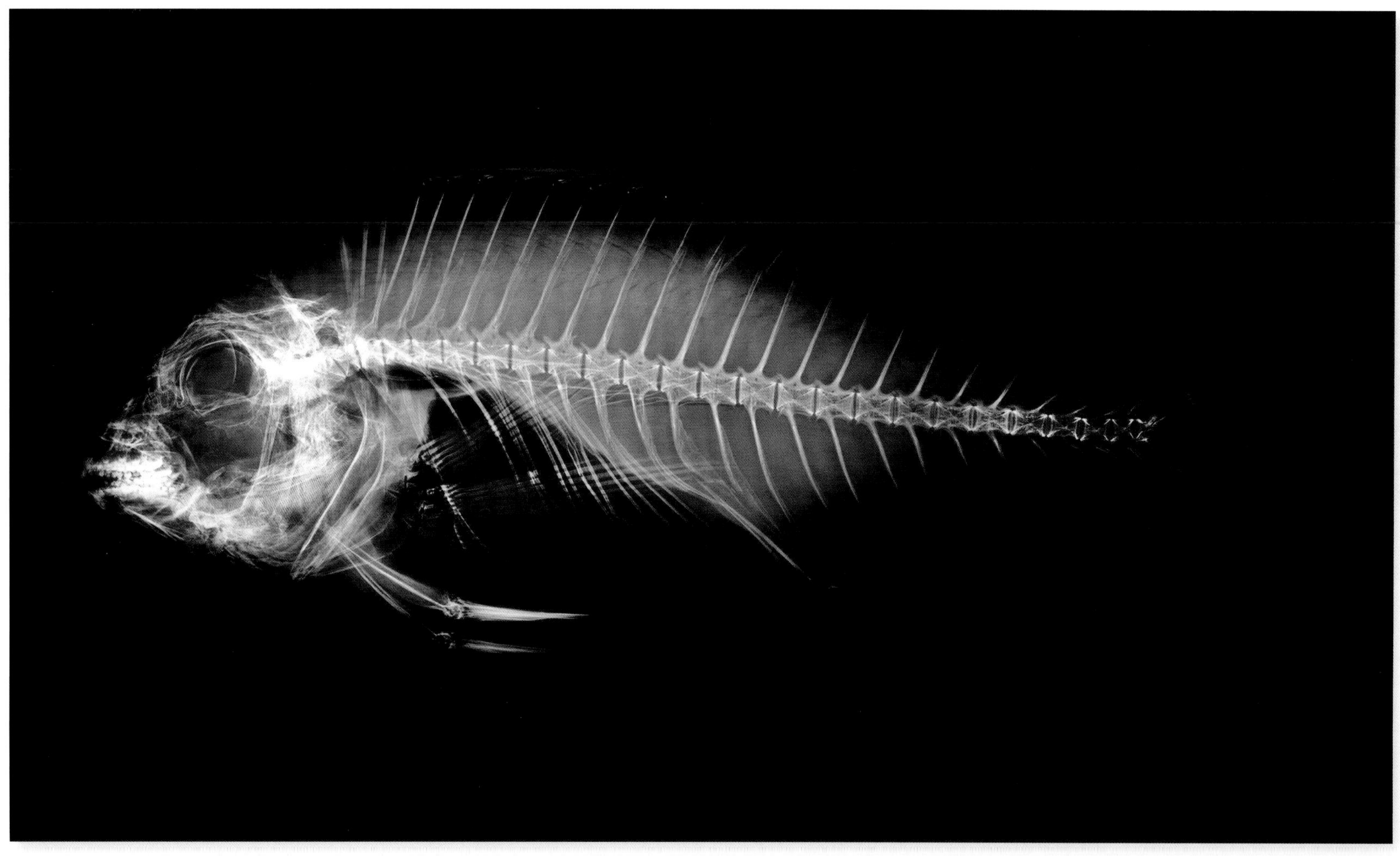

Fish, c-print, 65 × 111 cm

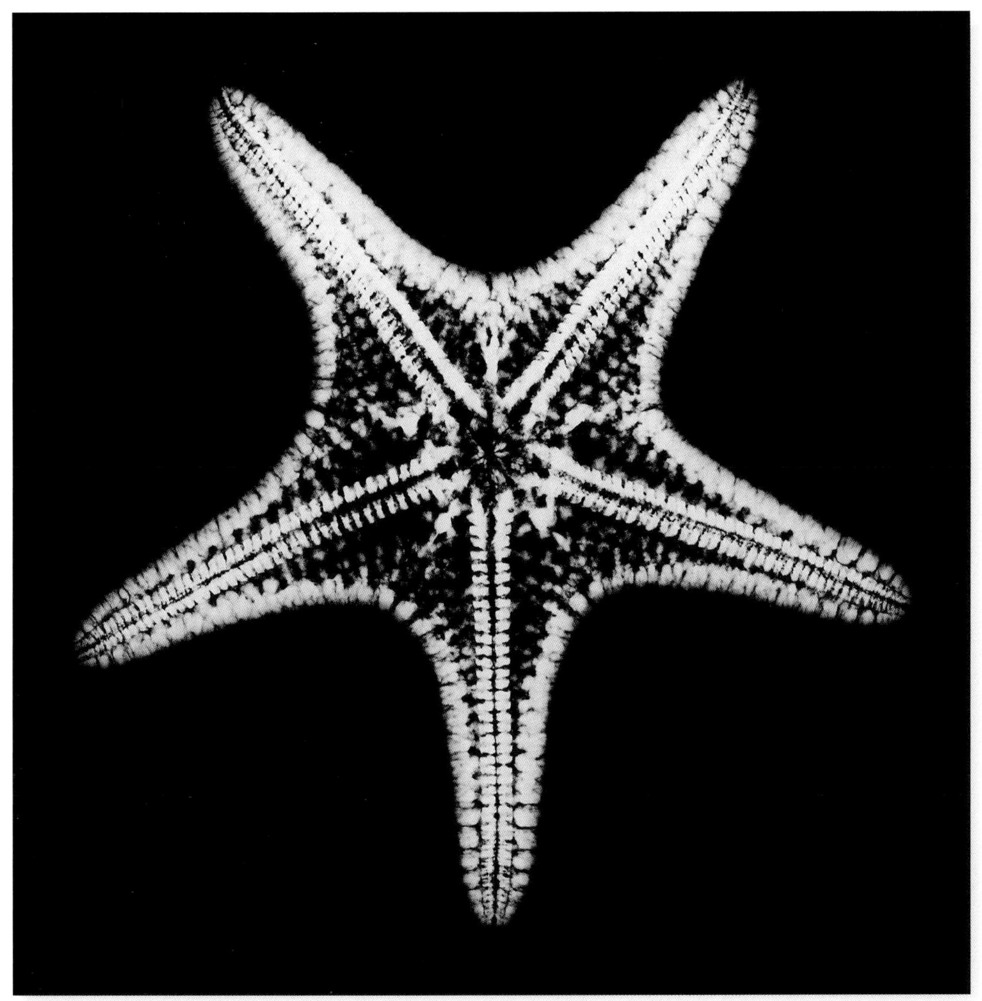

Star, c-print, 96 × 96 cm

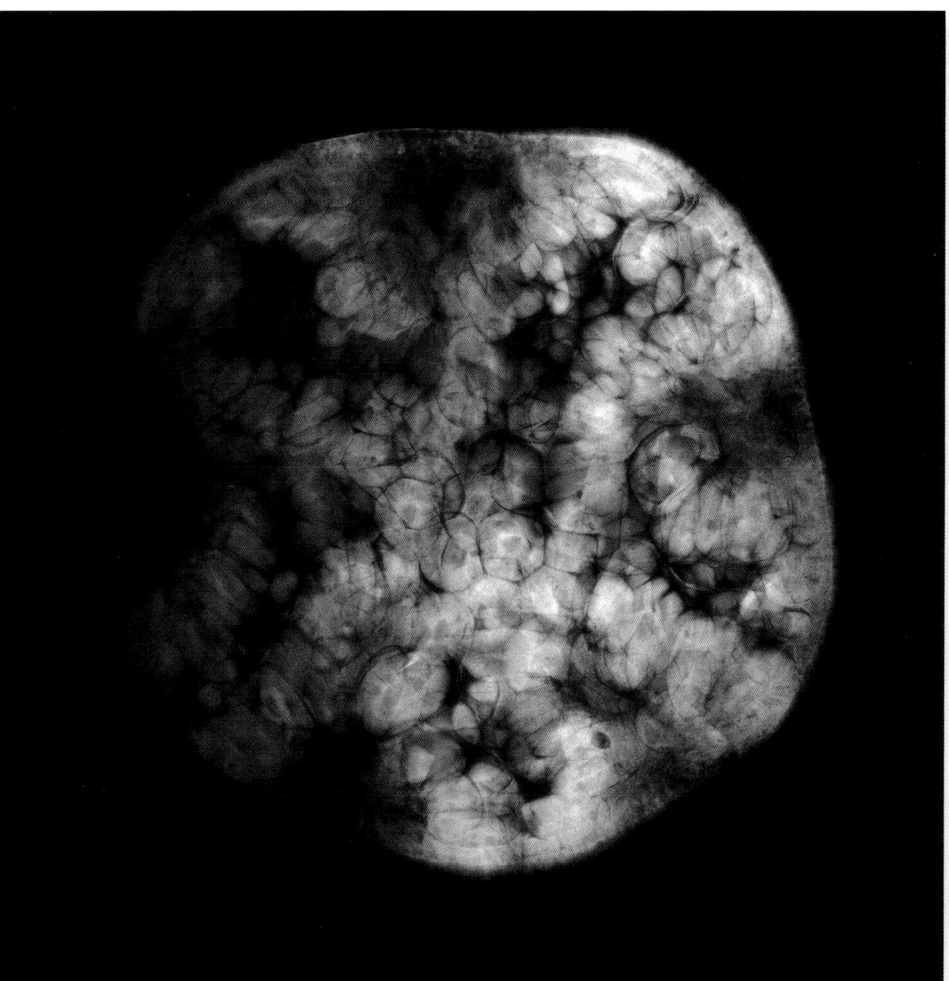

The Big One, c-print, 96 × 96 cm

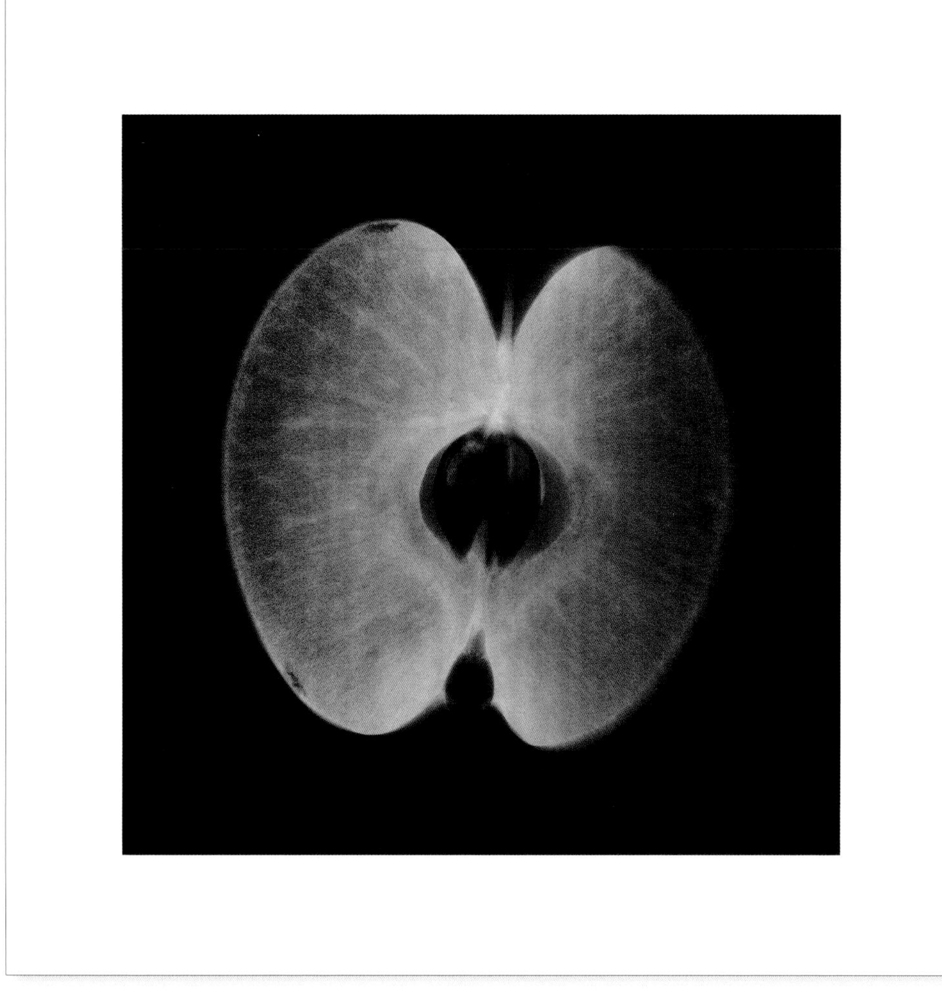

Sagittal Apple, c-print, 90 × 90 cm

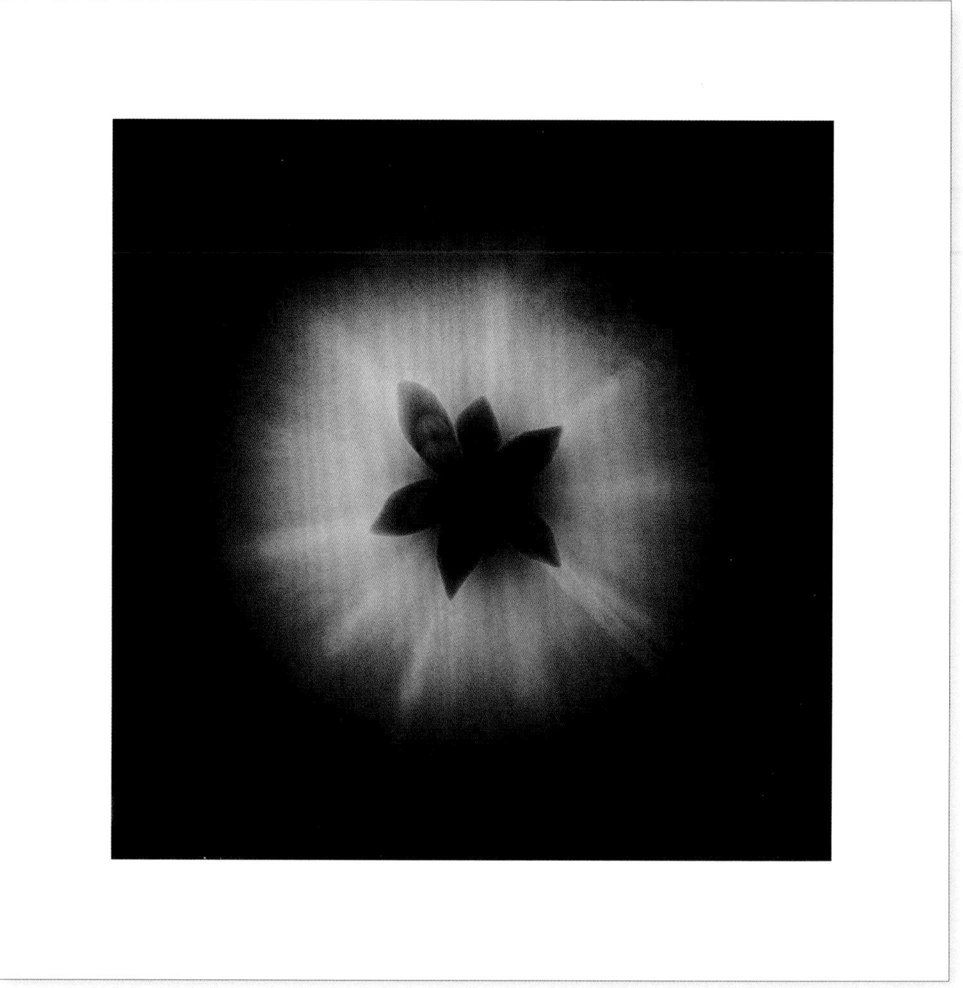

Coronal Apple, c-print, 90 × 90 cm

VISIONS

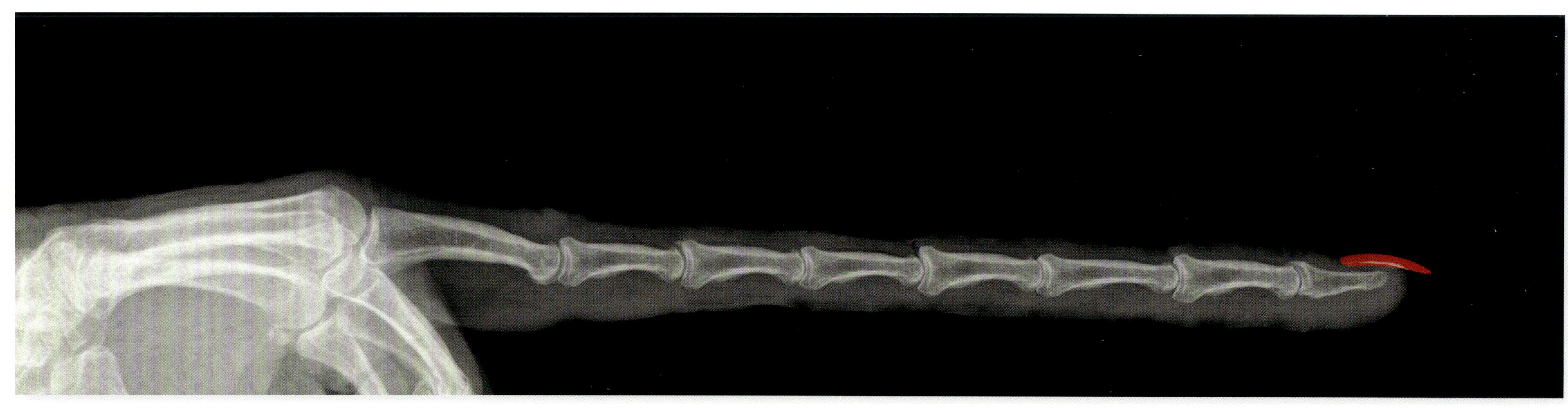

X-Alien 2, c-print, 35×146 cm

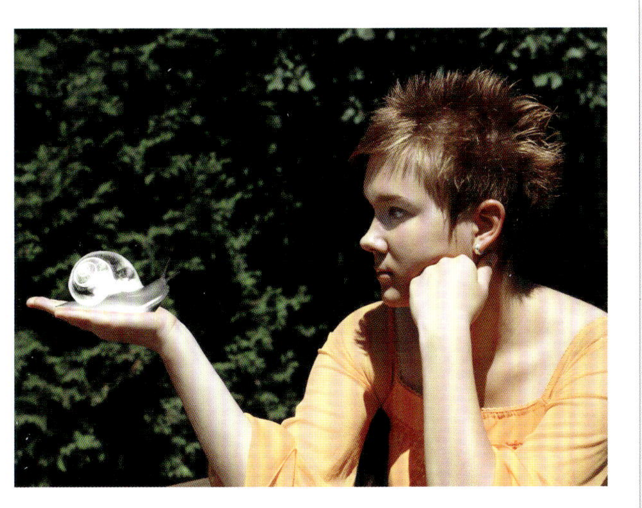

Dialog, c-print, 96×123 cm

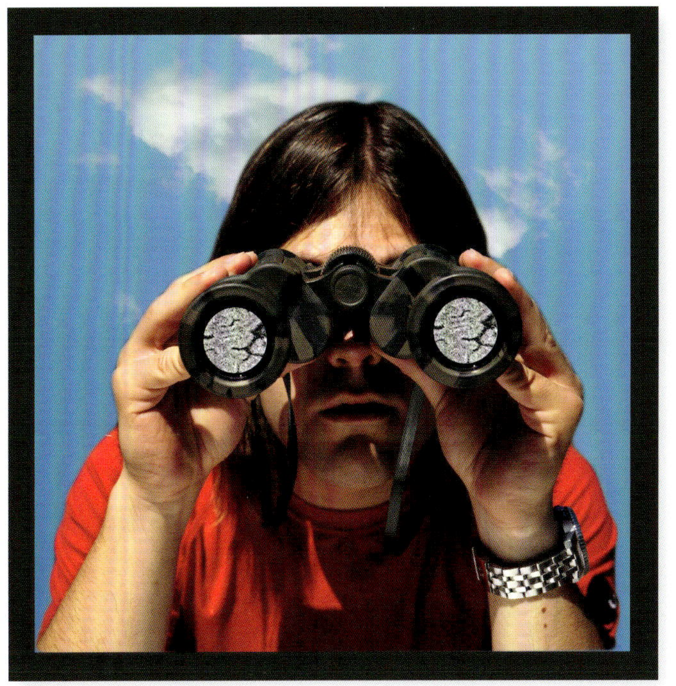

Brainglasses, c-print, 96×96 cm

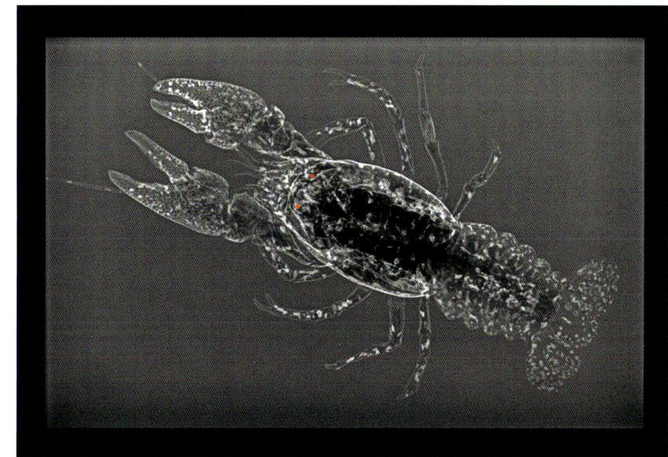

X-Ray Cancer, c-print, 96×142 cm

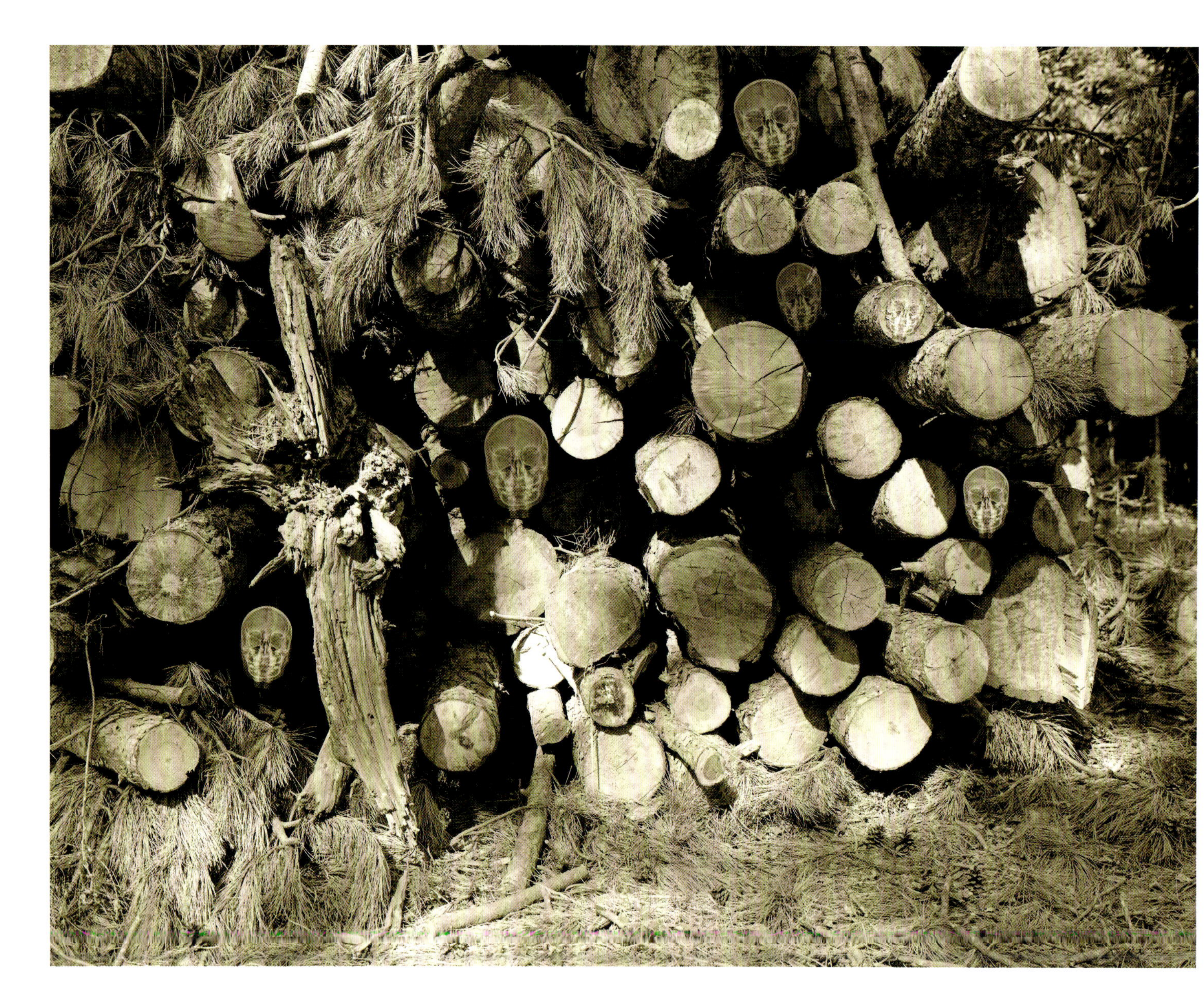

Forest Death, c-print, 96×120 cm

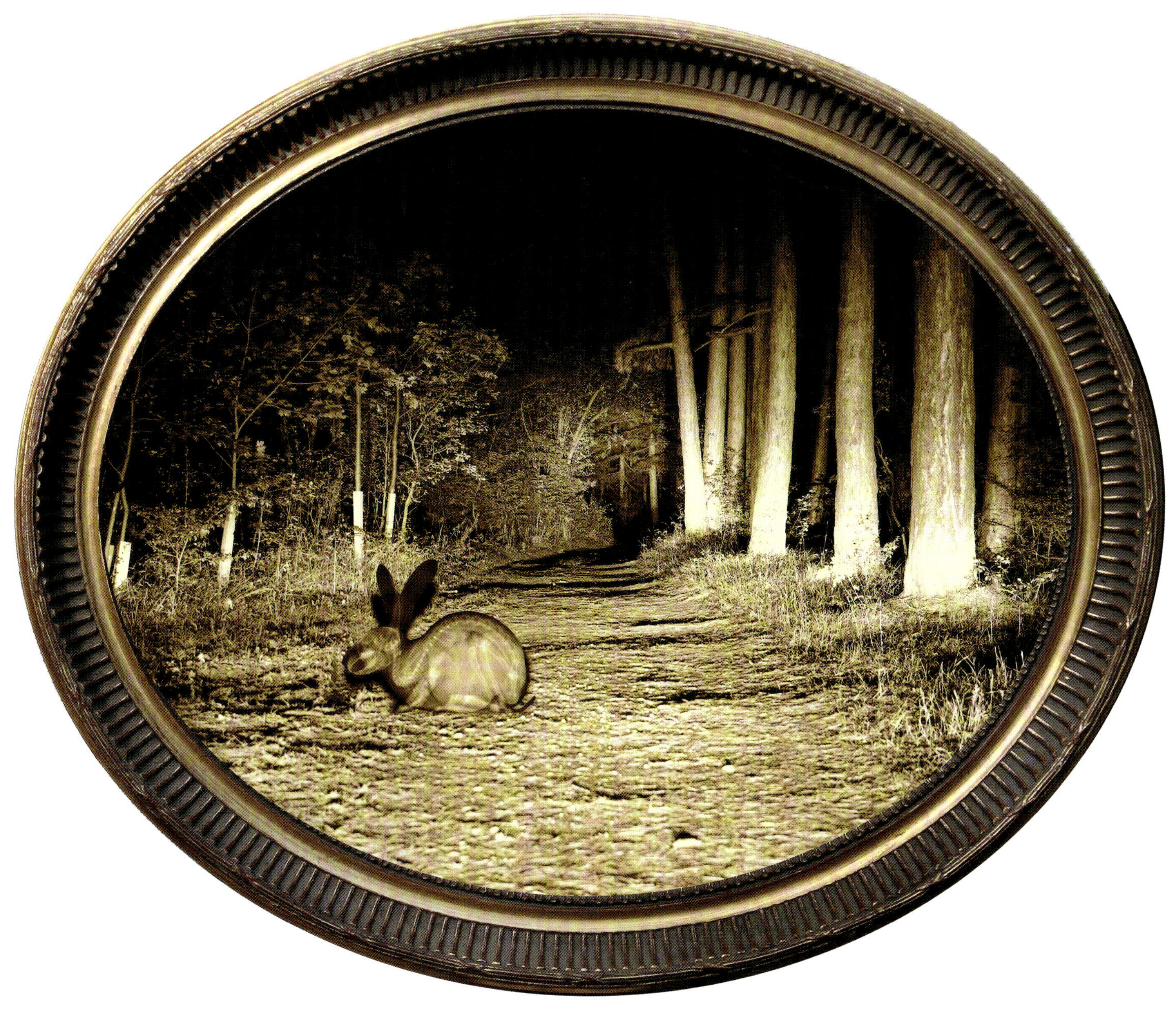

Unbelievable Vision, c-print, 60×80 cm

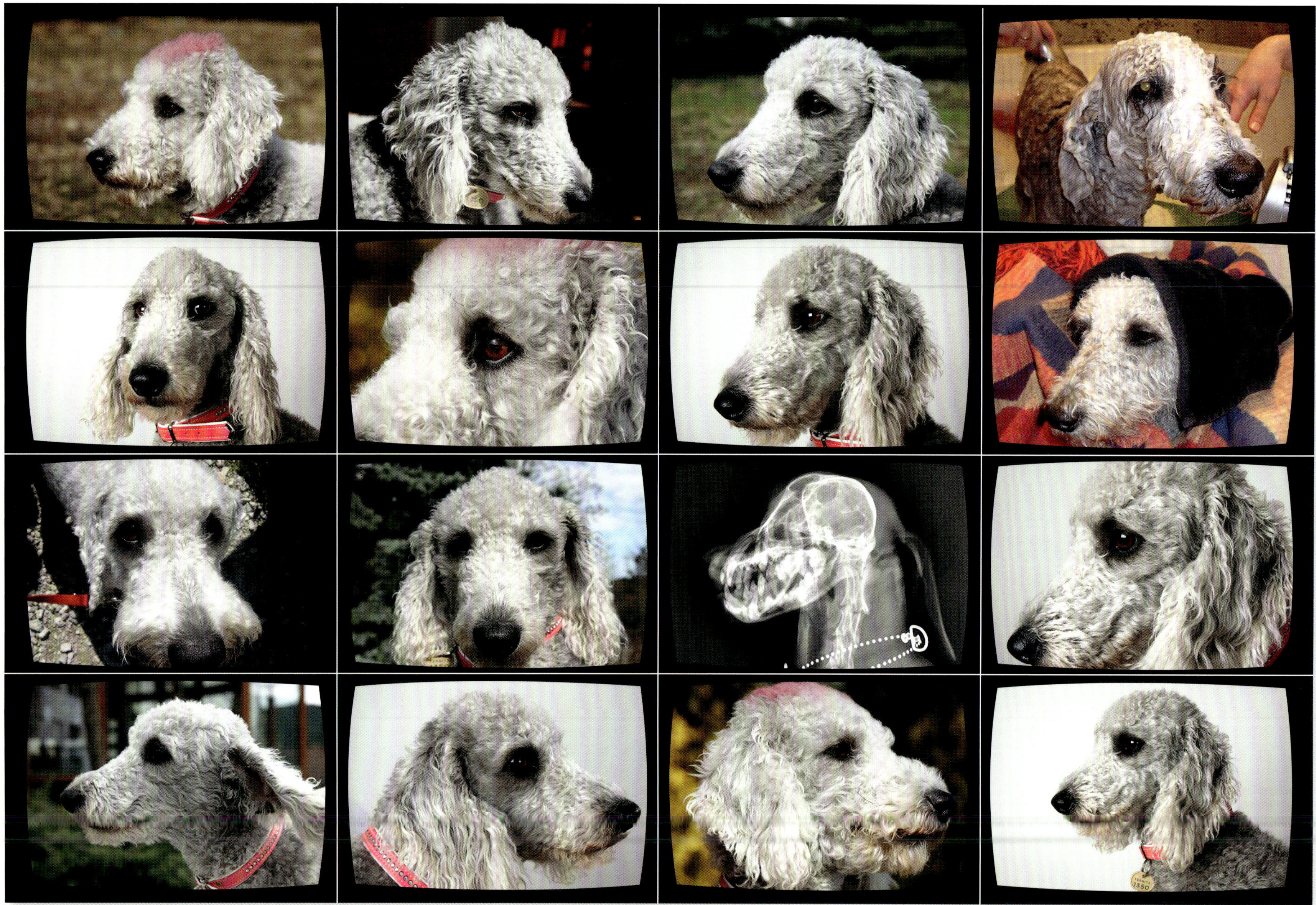

Introducing Herself, c-print, 96×144 cm

BLACK

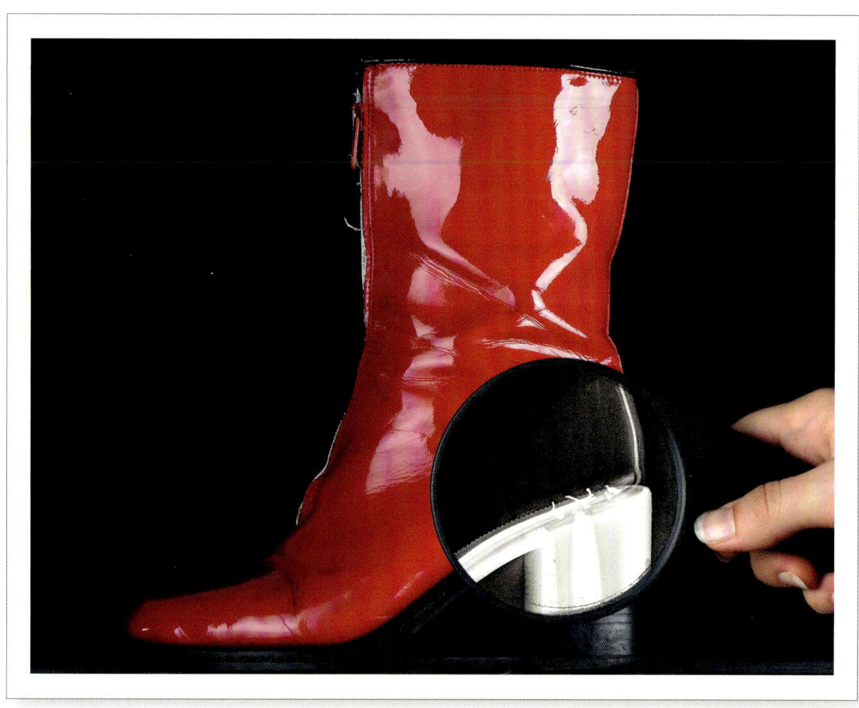

Customs, c-print, 70×90 cm

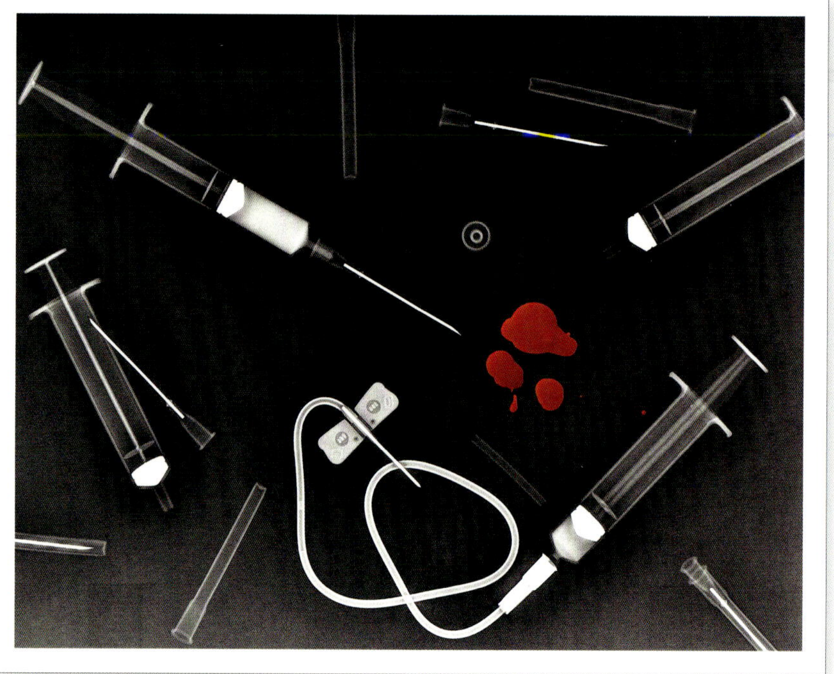

Stilleben, c-print, 70×88 cm

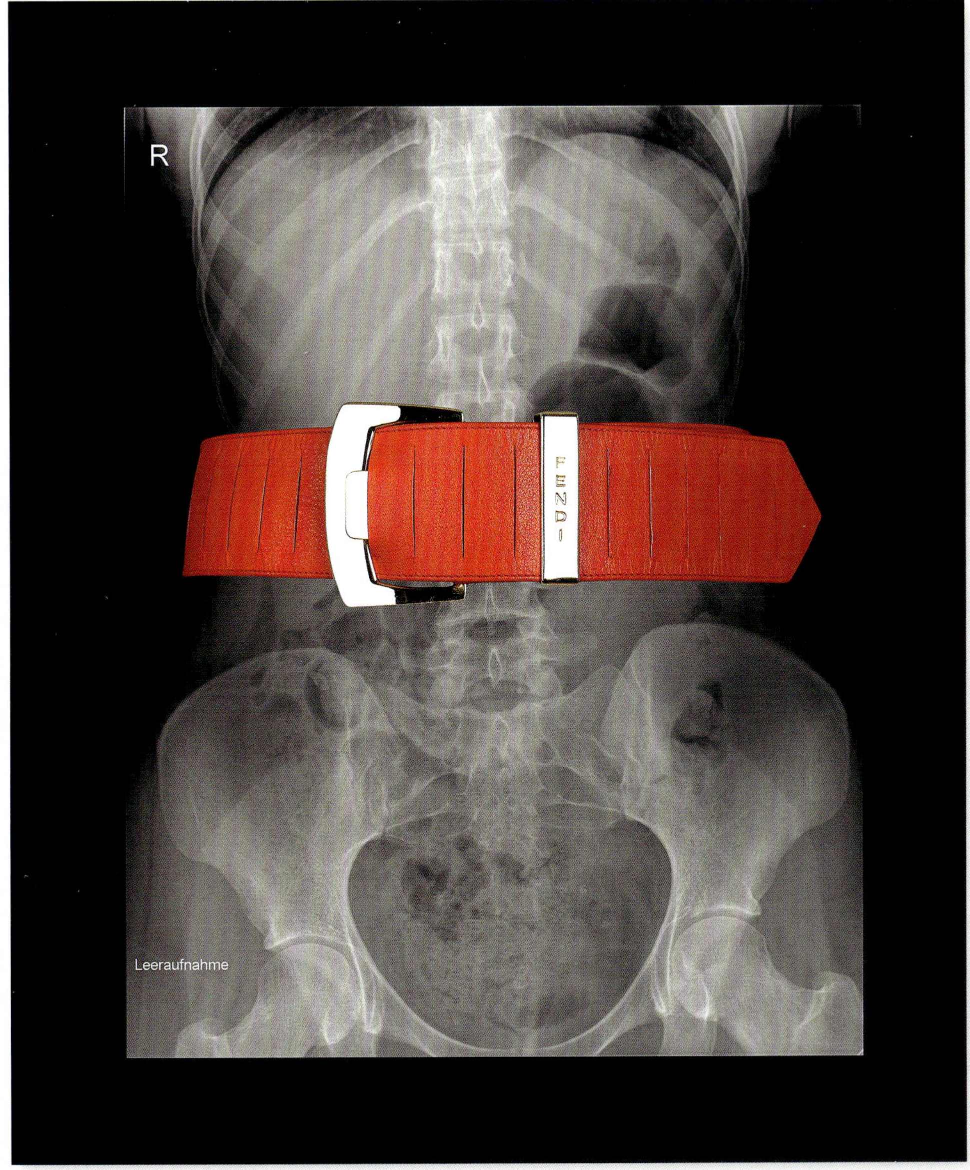

Fendi, c-print, 107×90 cm

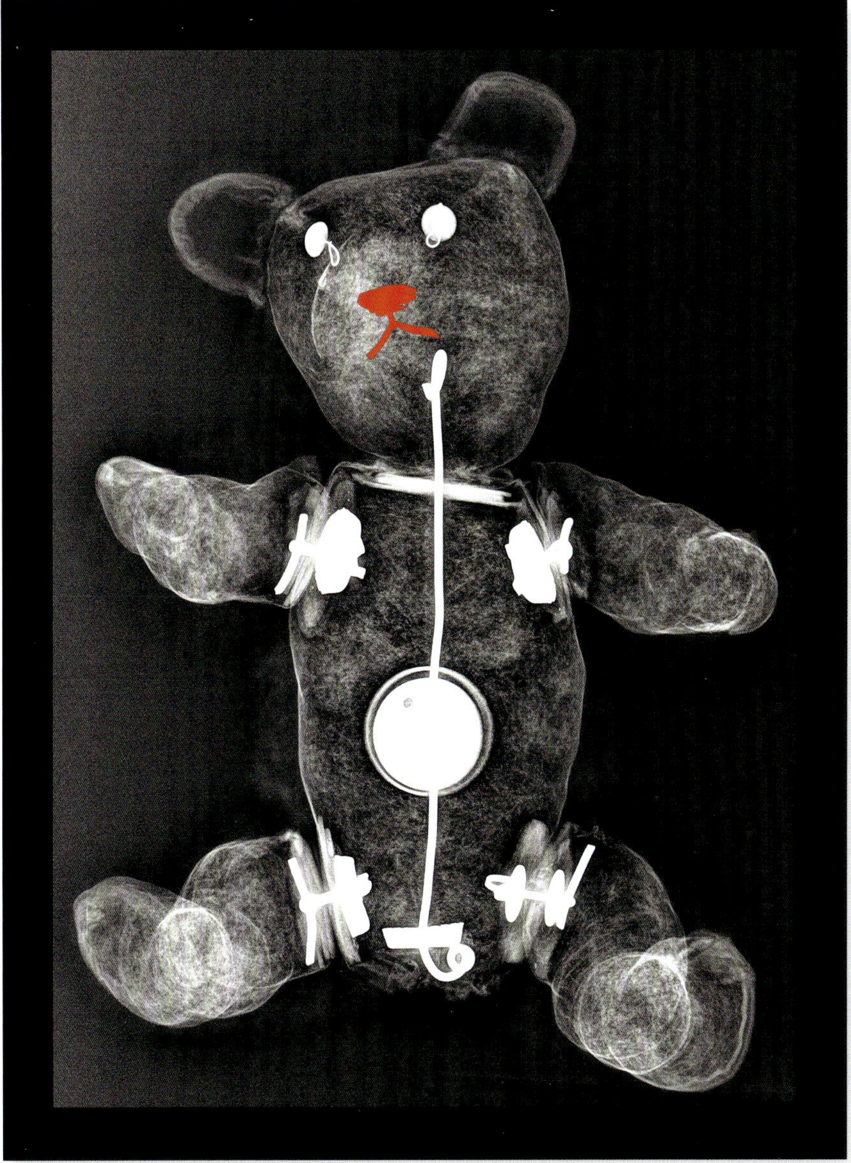

Jugendfreund, c-print, 107×80 cm

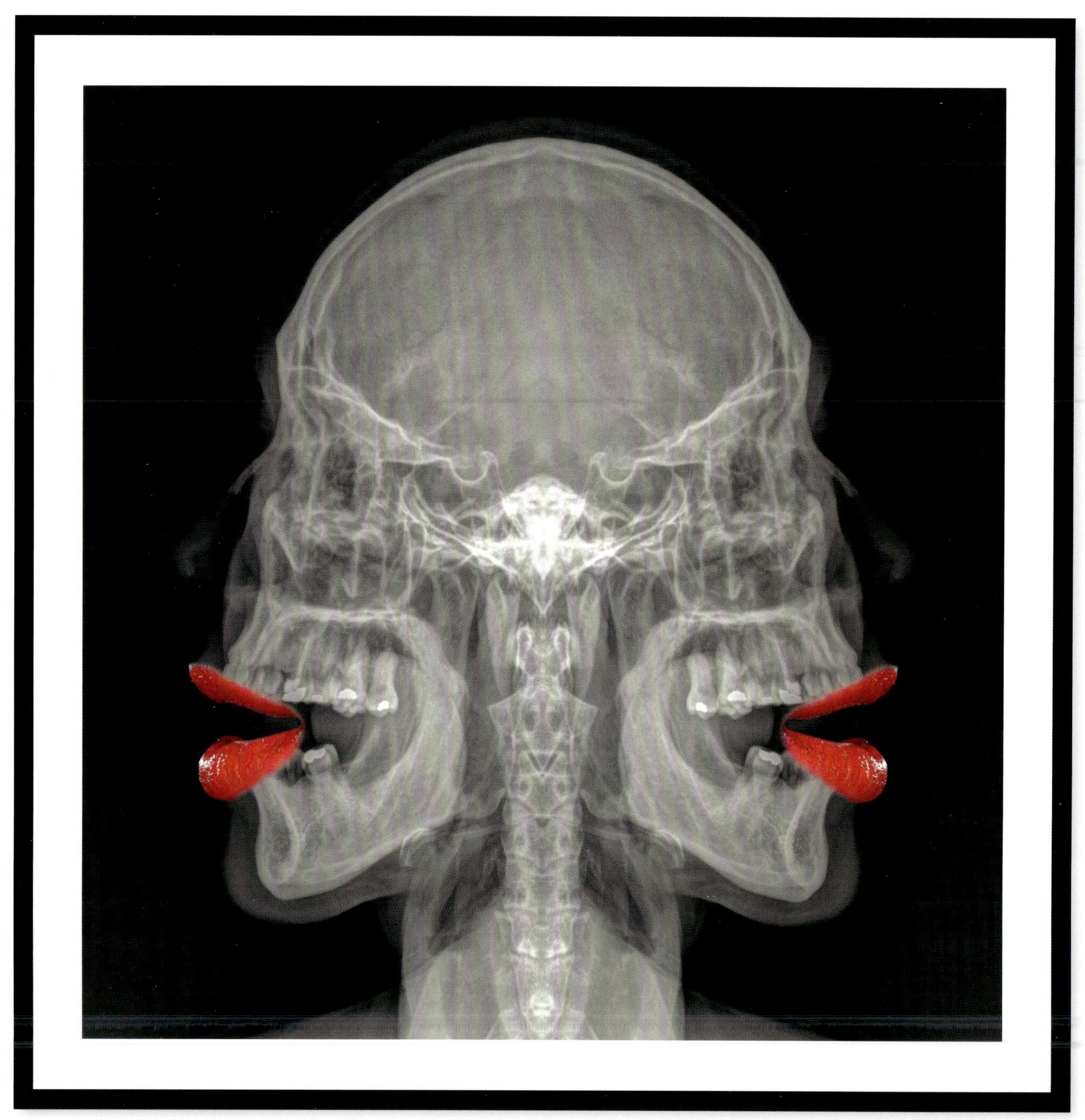

X-Alien, c-print, 107 × 107 cm

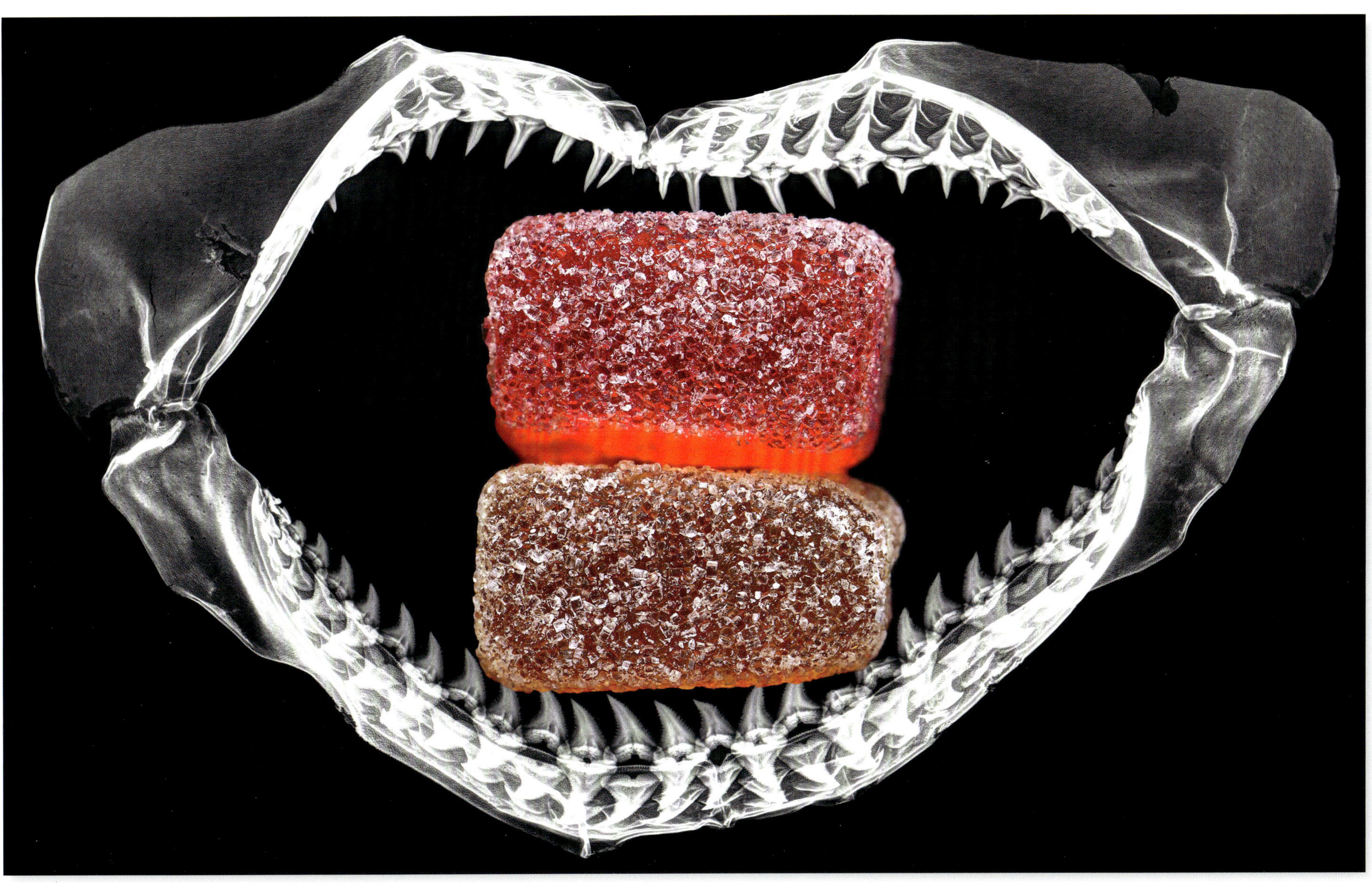

Shark with Sweets, c-print, 107×172 cm

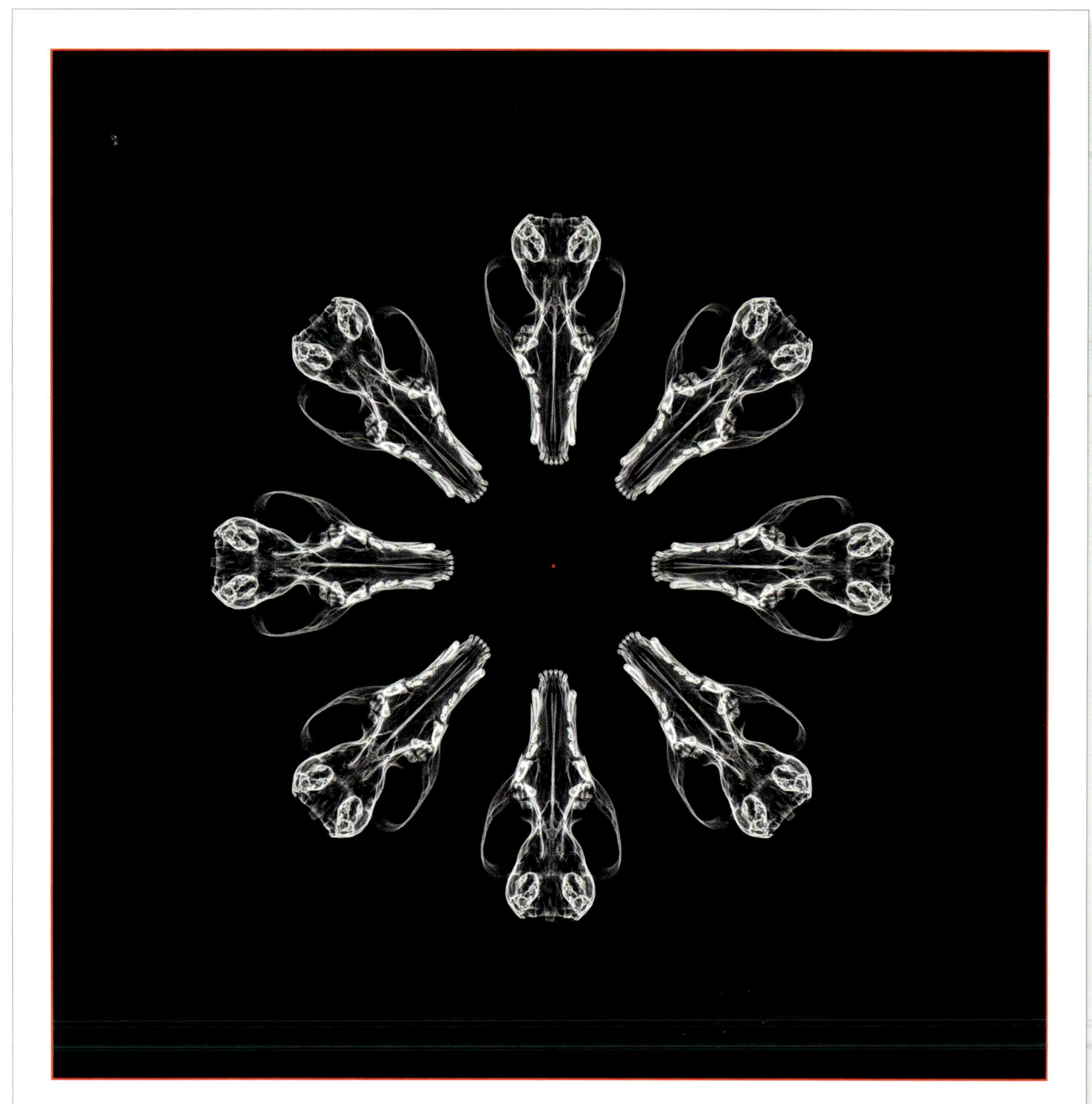

Der Reigen, c-print, 70×70 cm

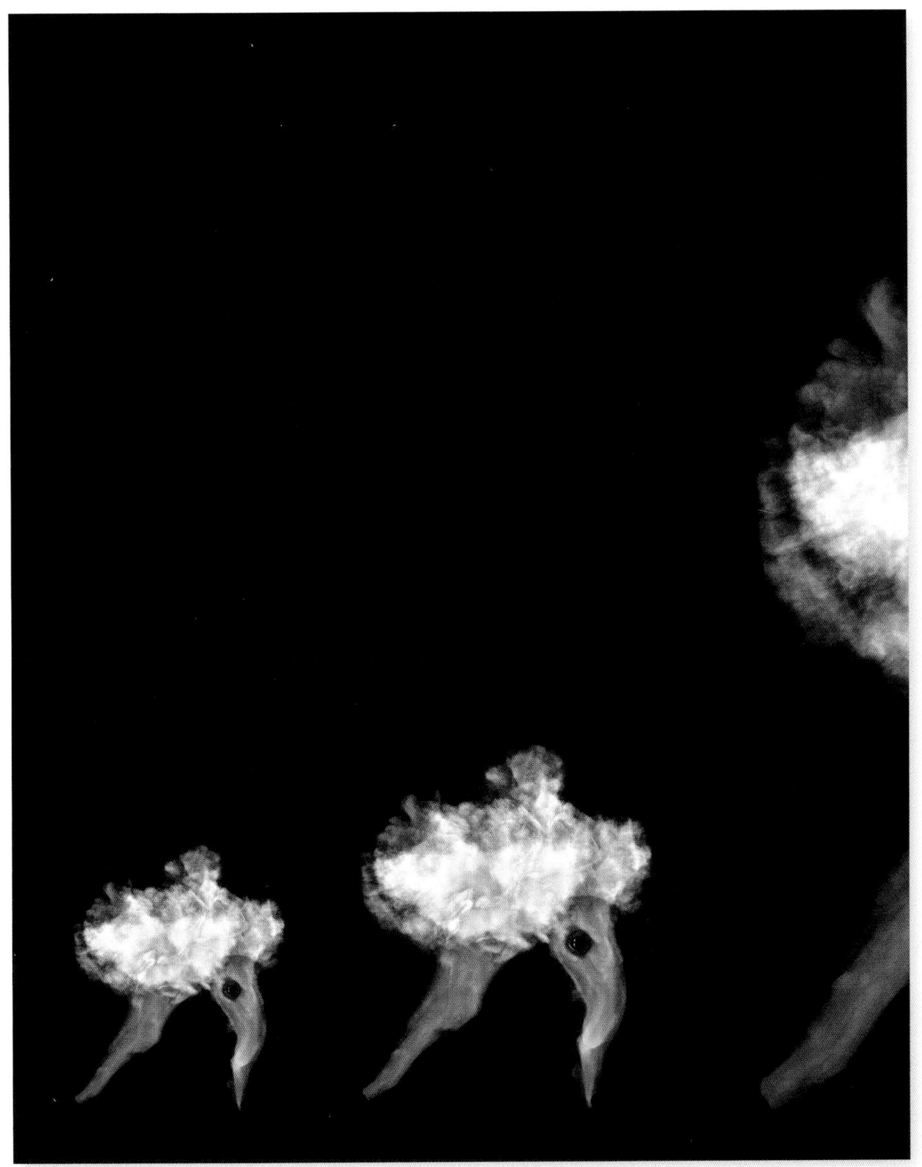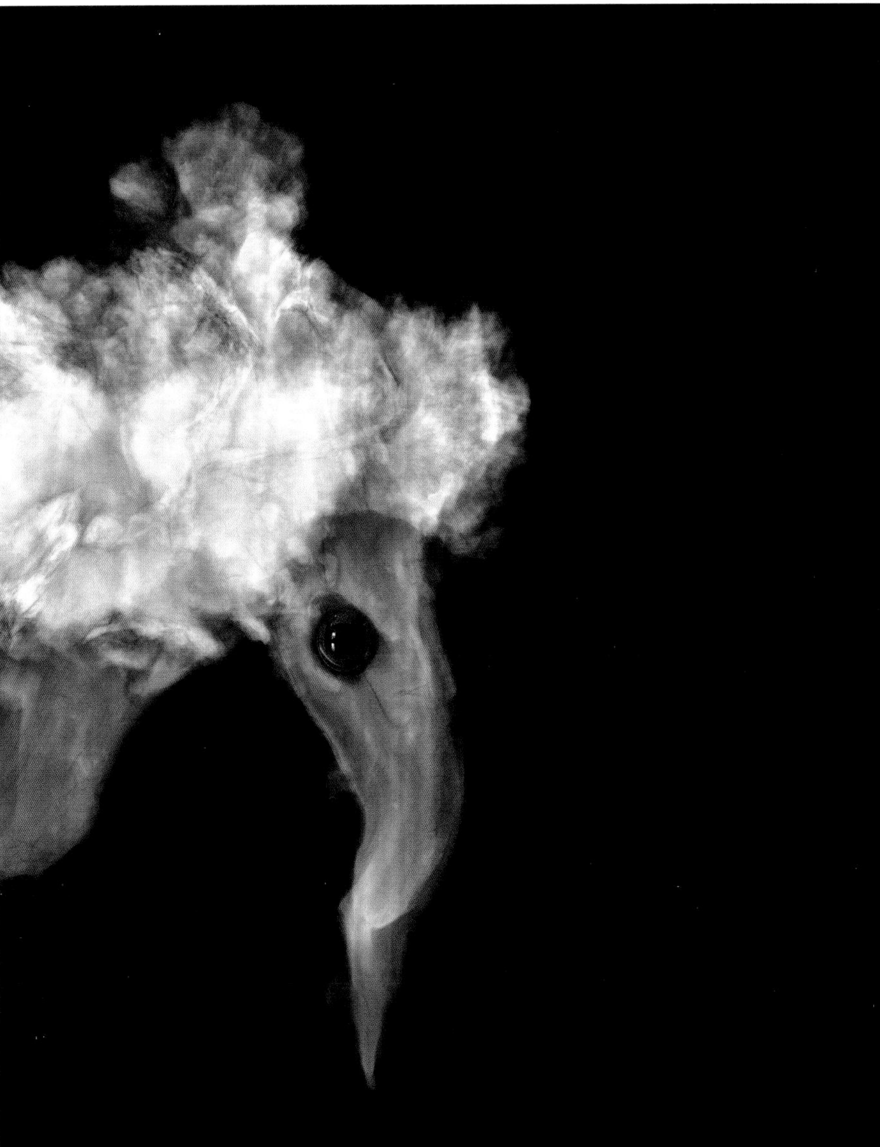

Kulupen, c-prints, 70 × 56 cm

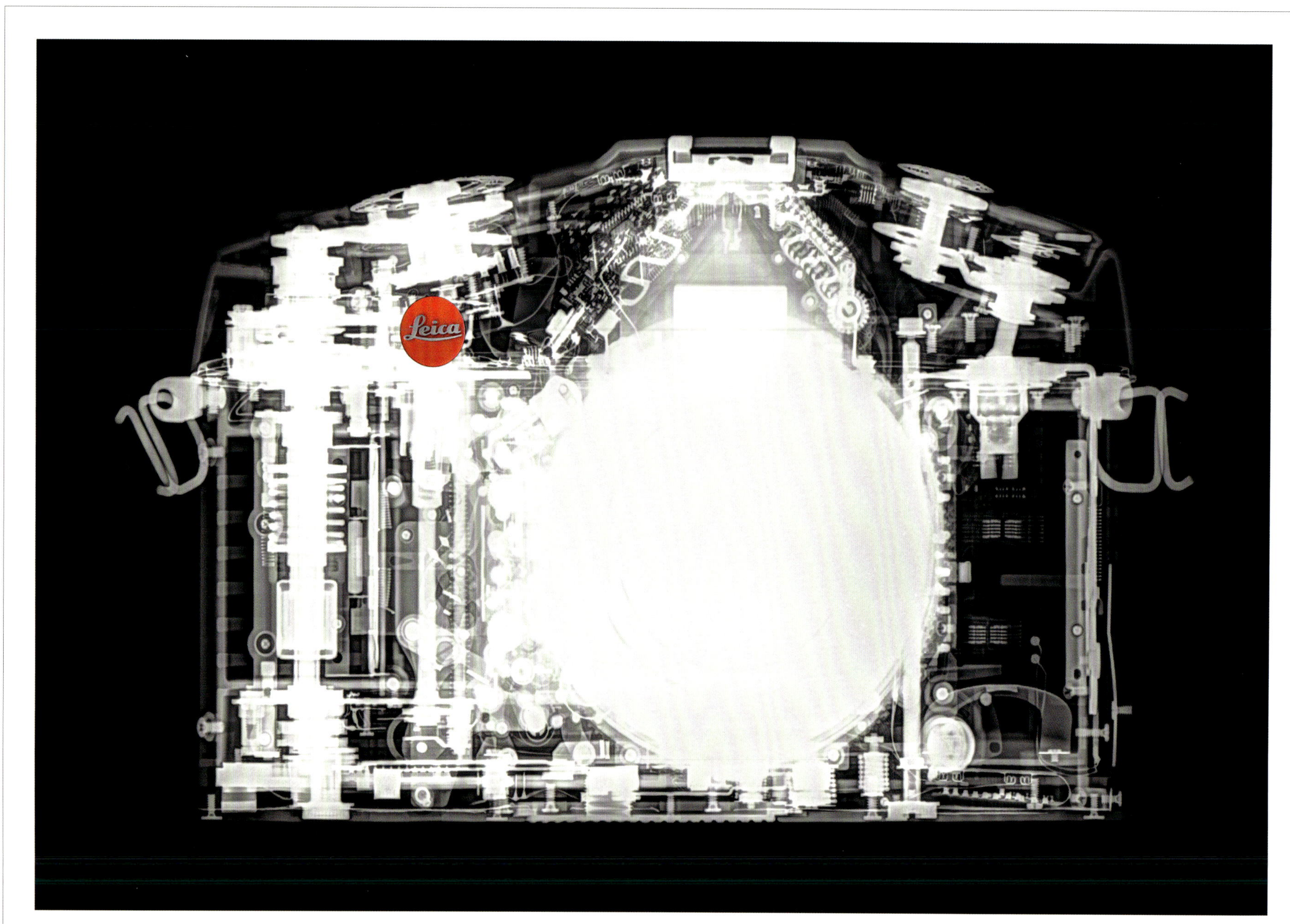

Leica, c-print, 70×100 cm

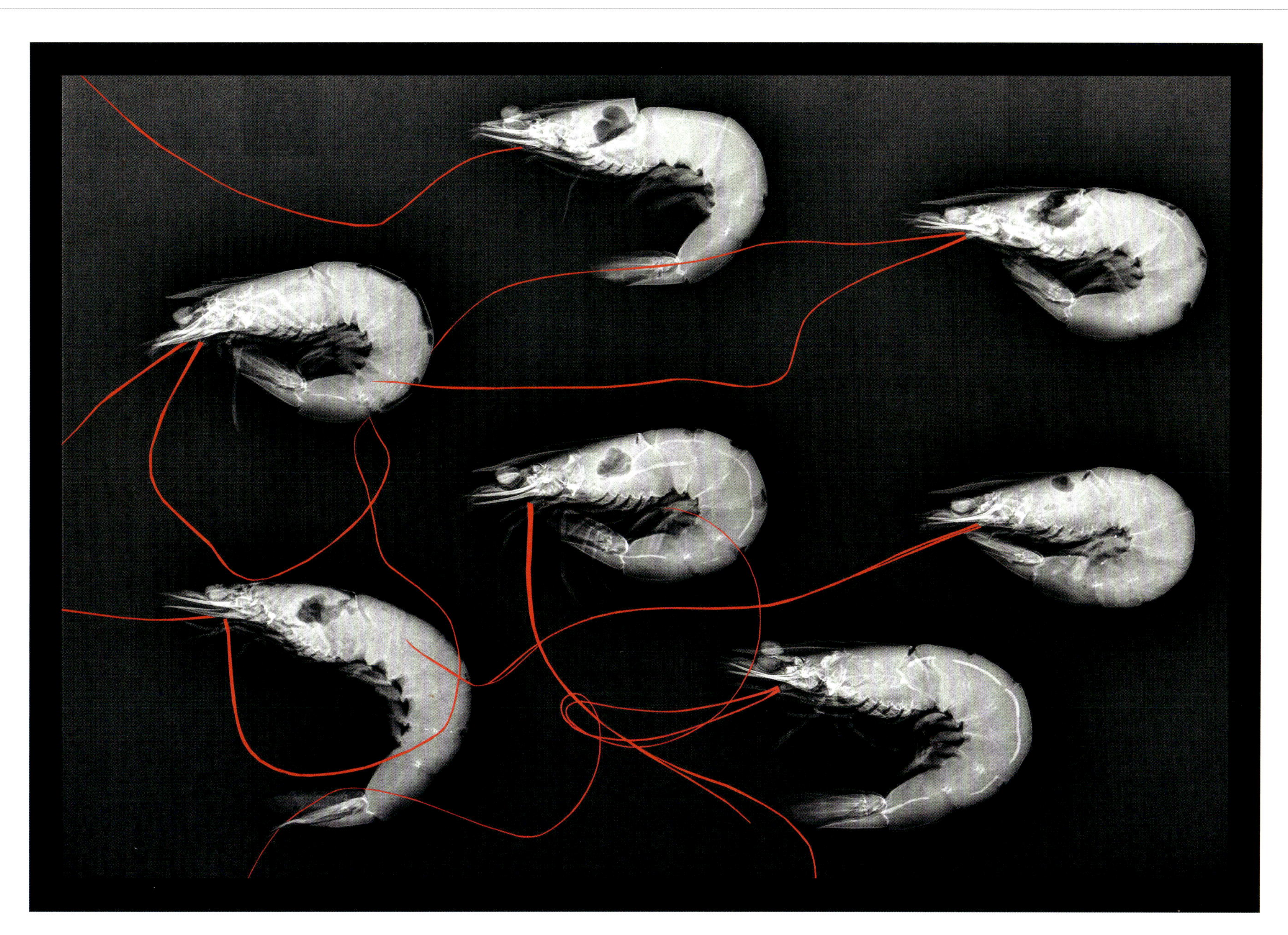

Ström, c-print, 70×100 cm

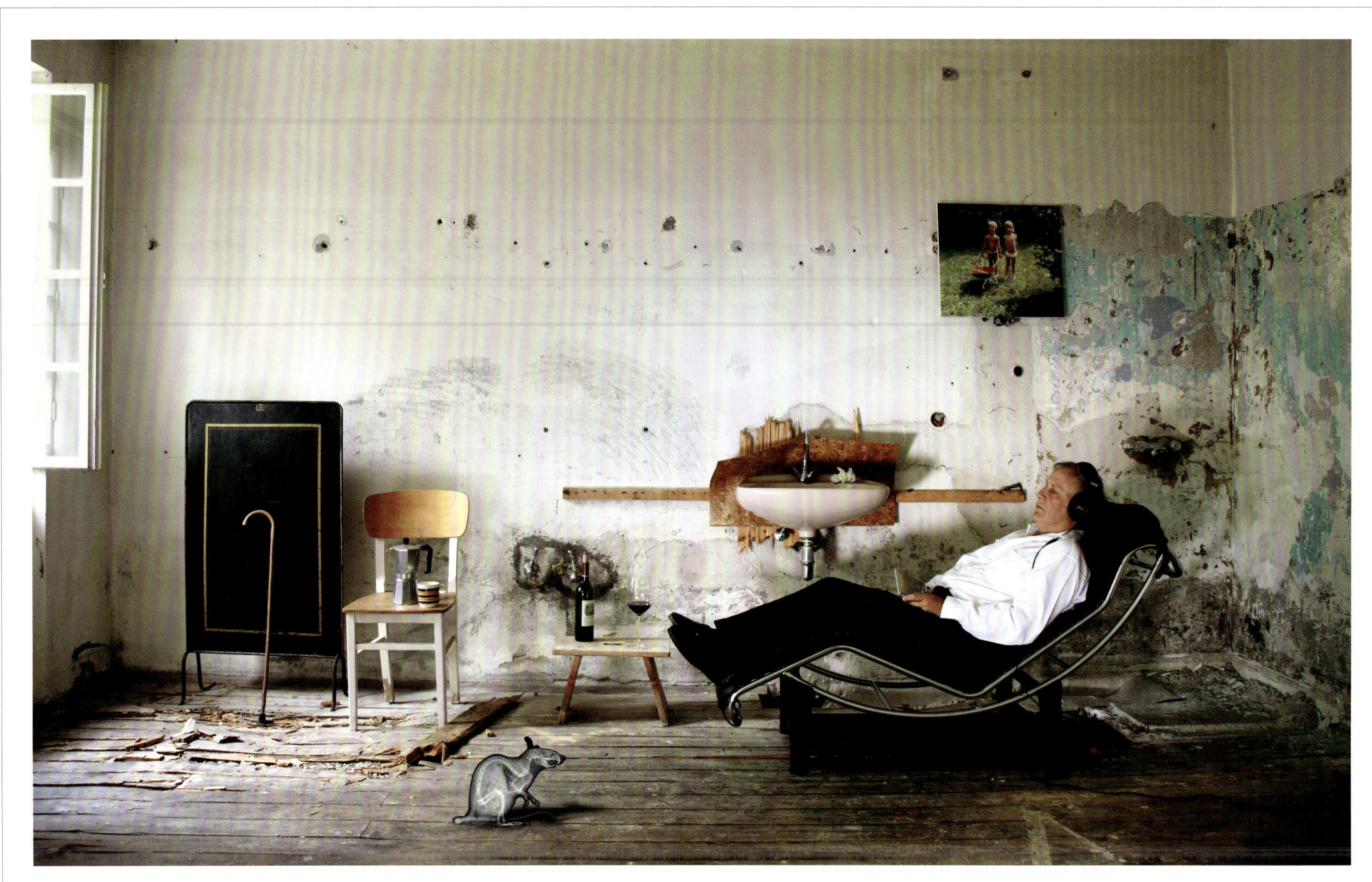

Ratten im Haus, c-print, 70 × 112 cm

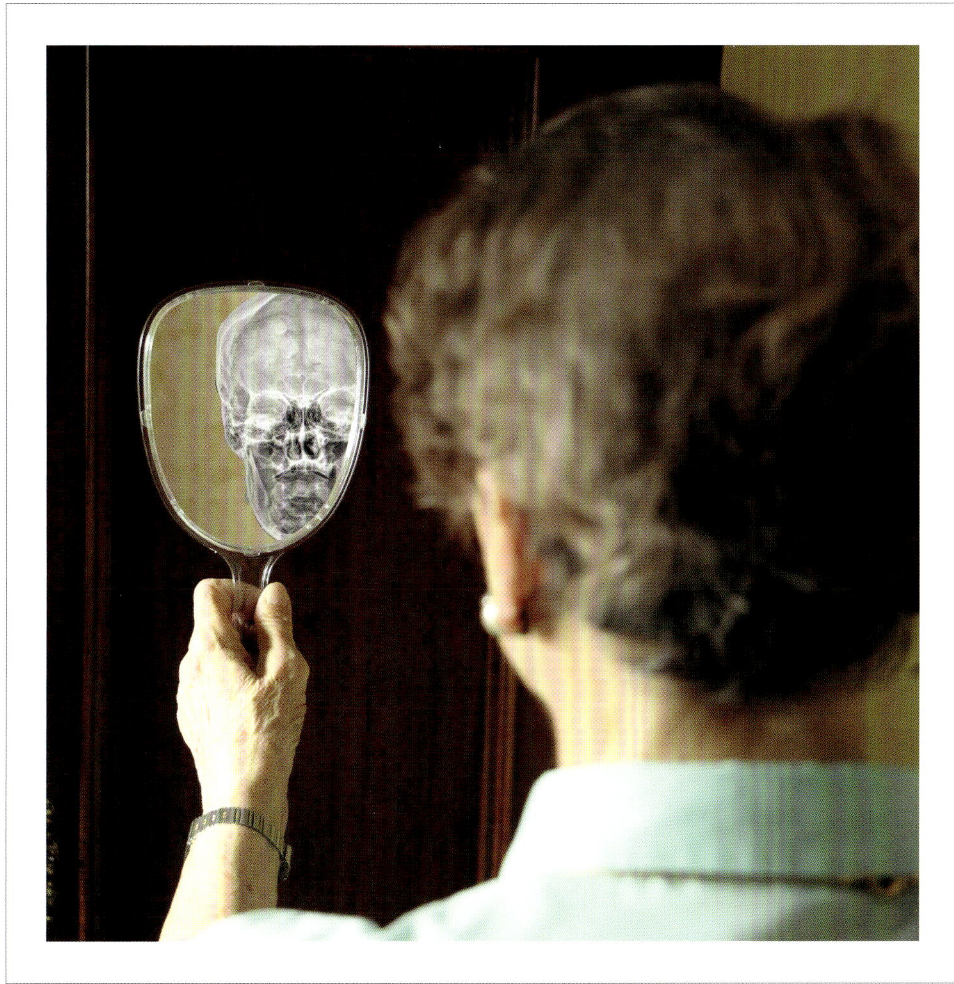

Einblick, c-print, 70×70 cm

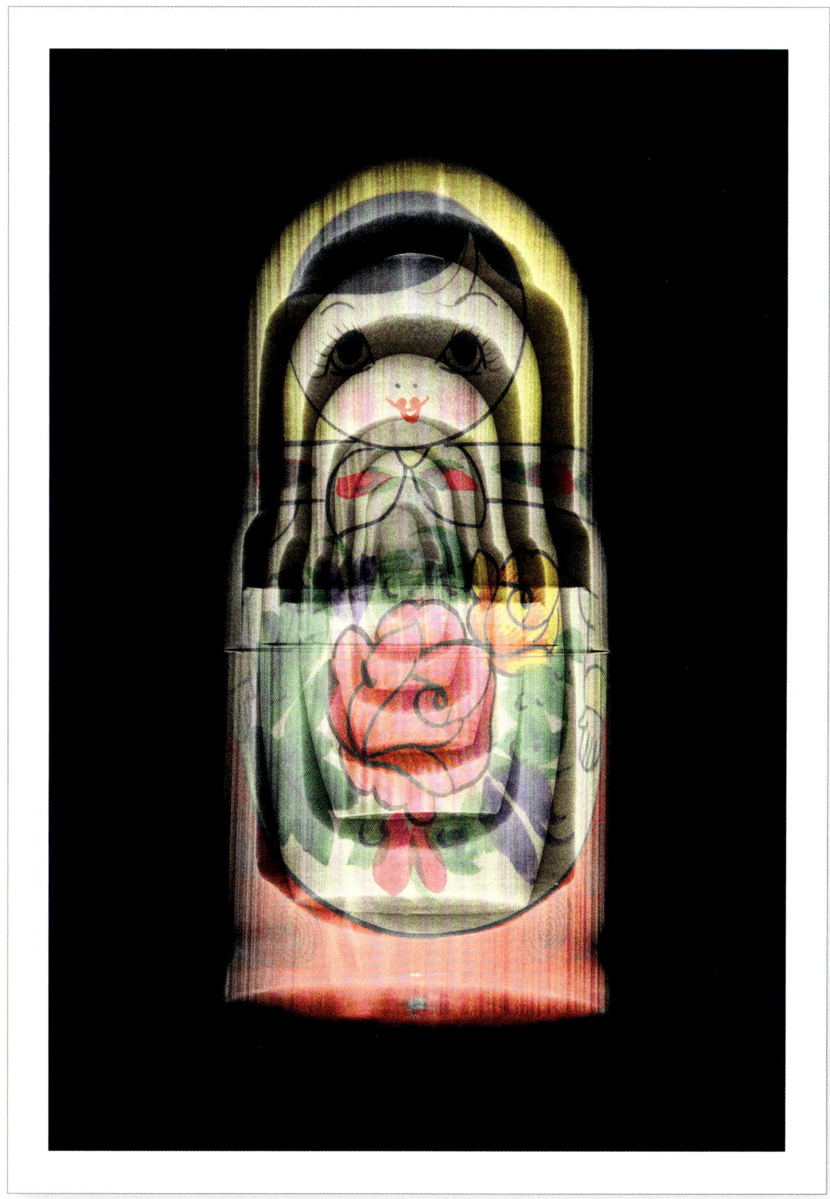

Souvenir, c-print, 70×50 cm

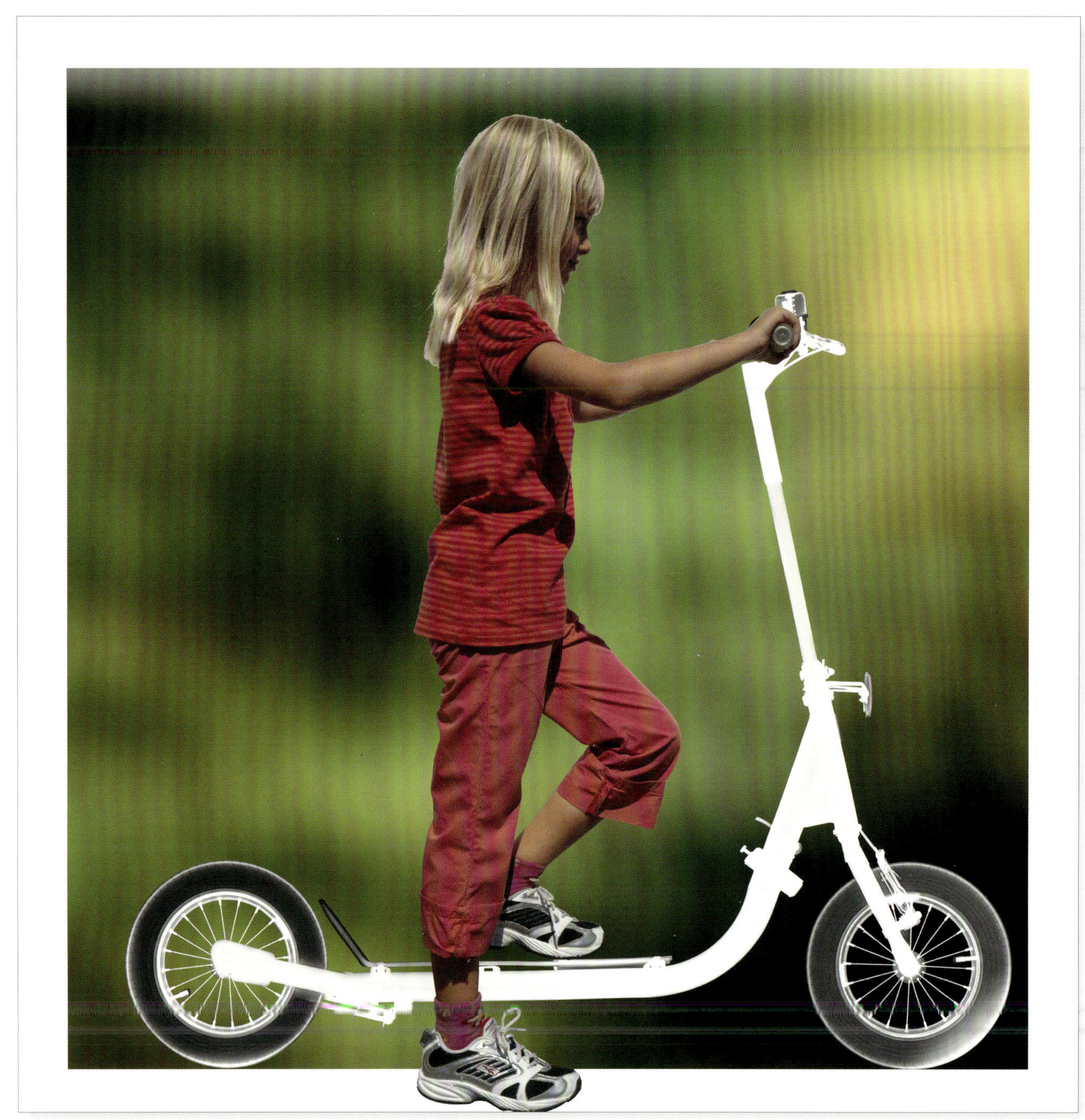

Scootergirl, c-print, 109 × 109 cm

VIRTUAL REALITY

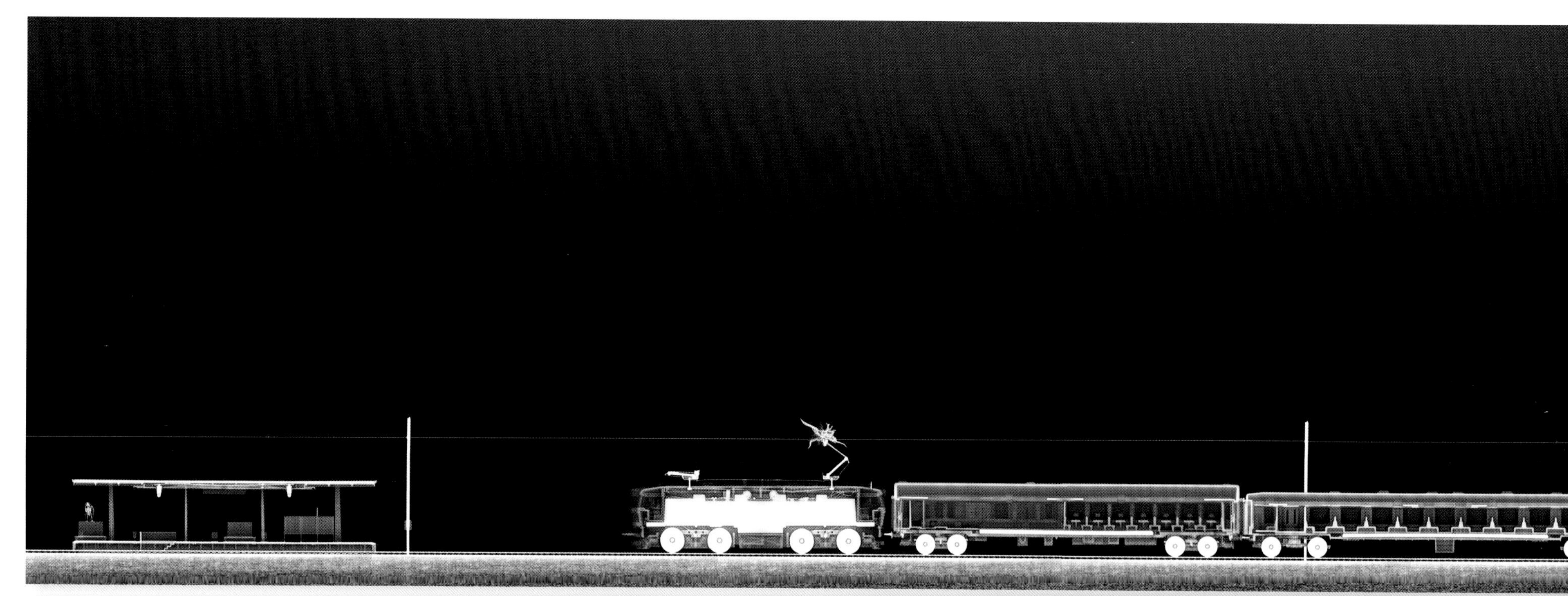

Nighttrain, c-prints, 80×450 cm (3×80×150cm)

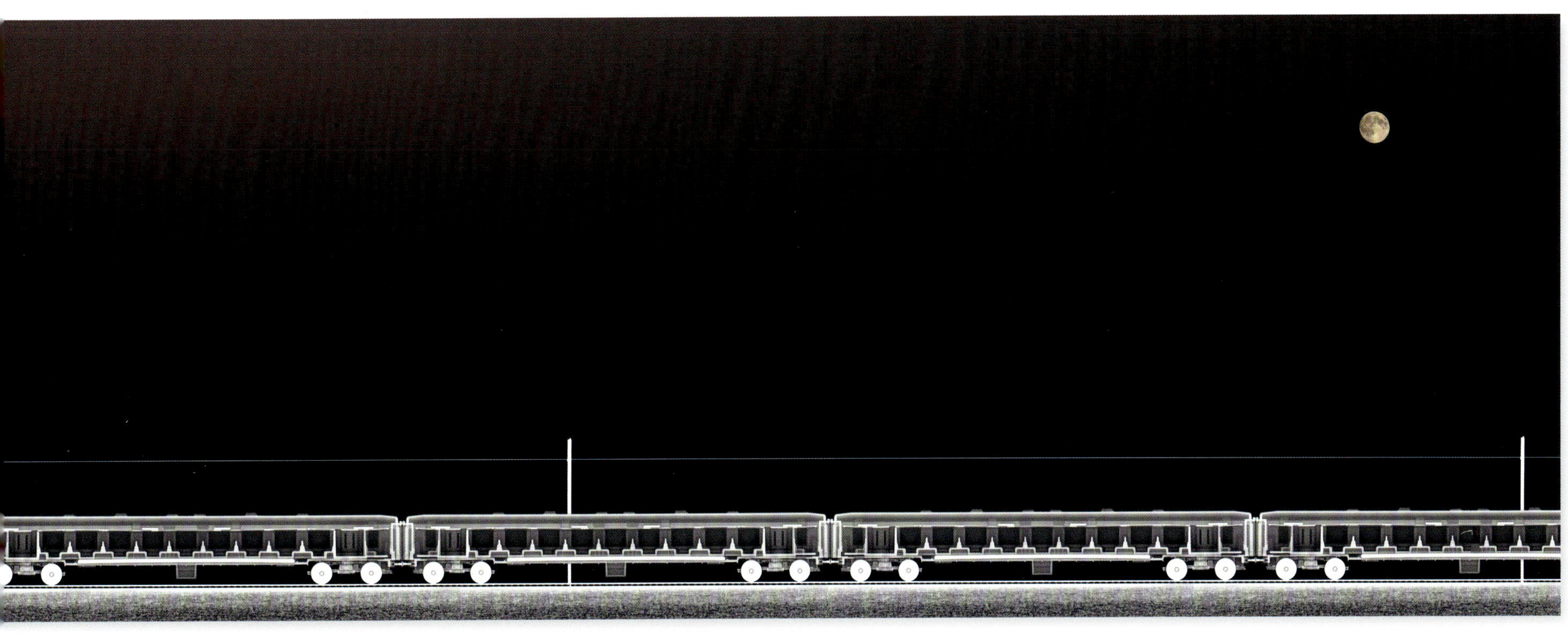

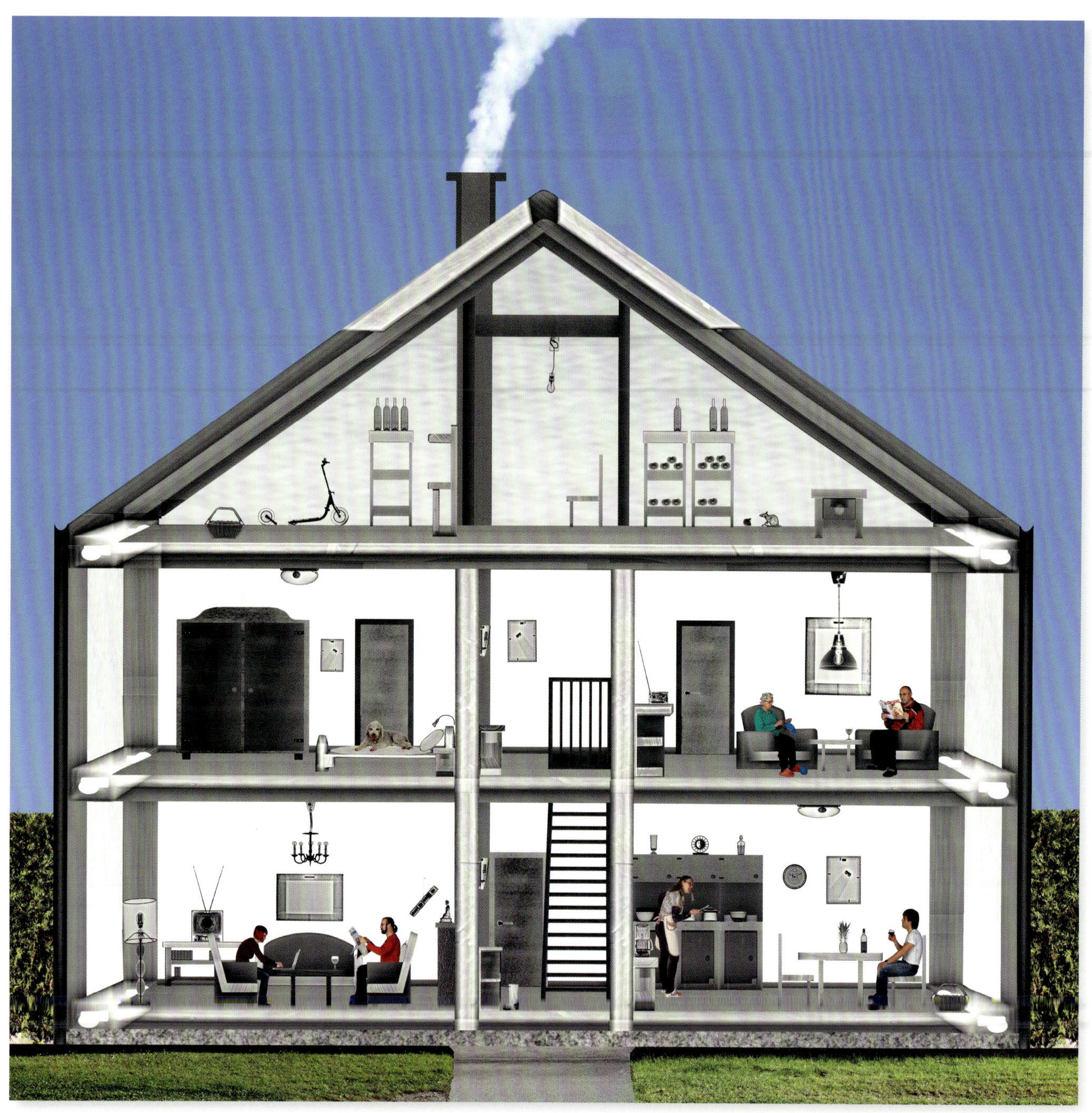

Home sweet home, c-print, 107×109 cm

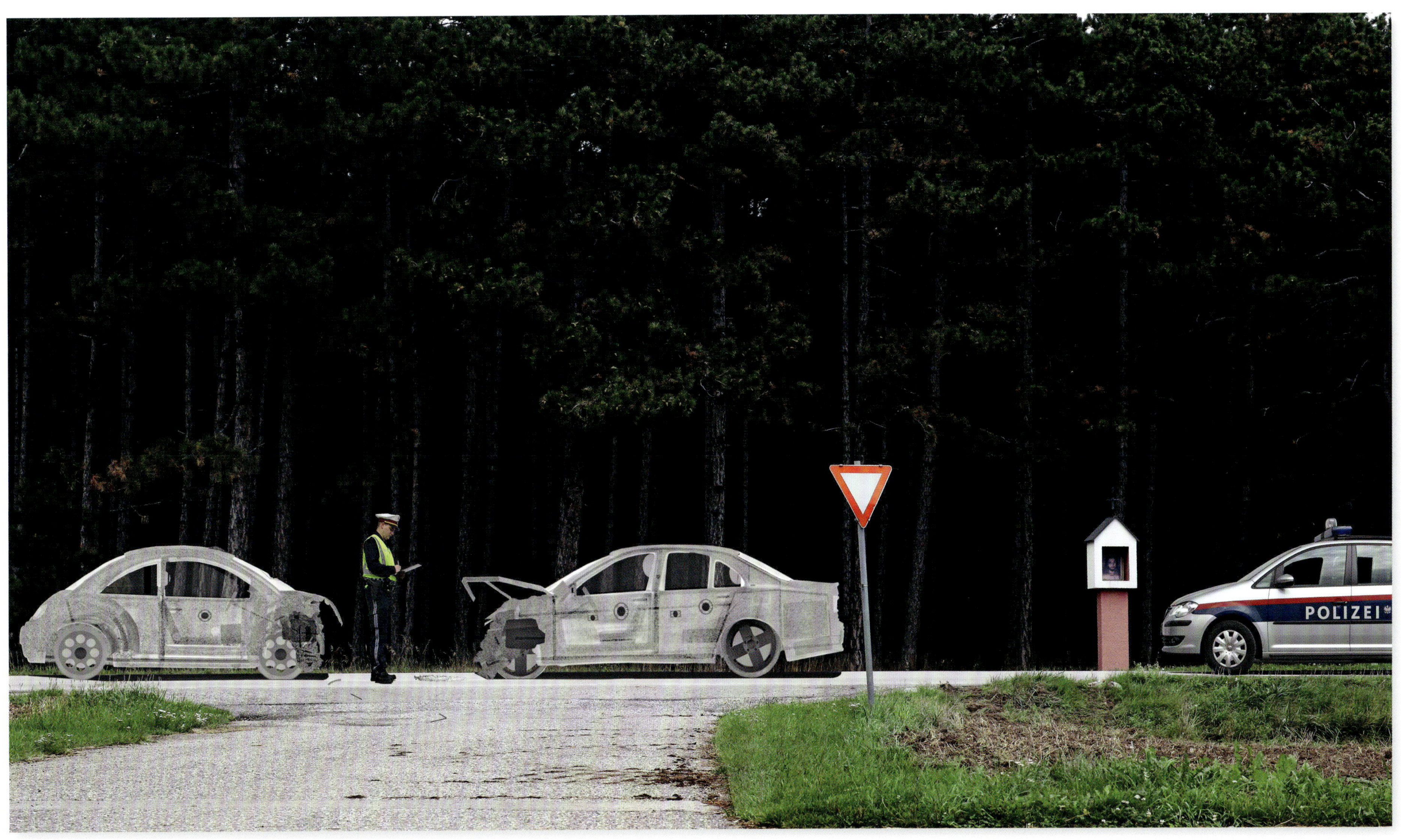

Crash, c-print, 60×105 cm

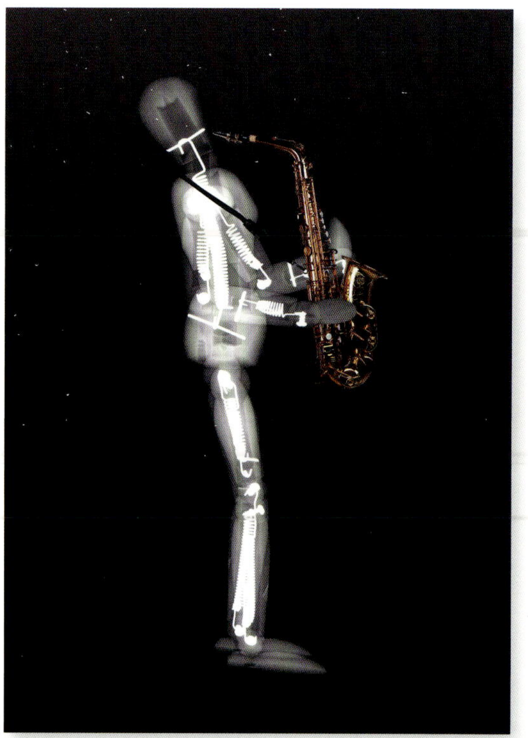

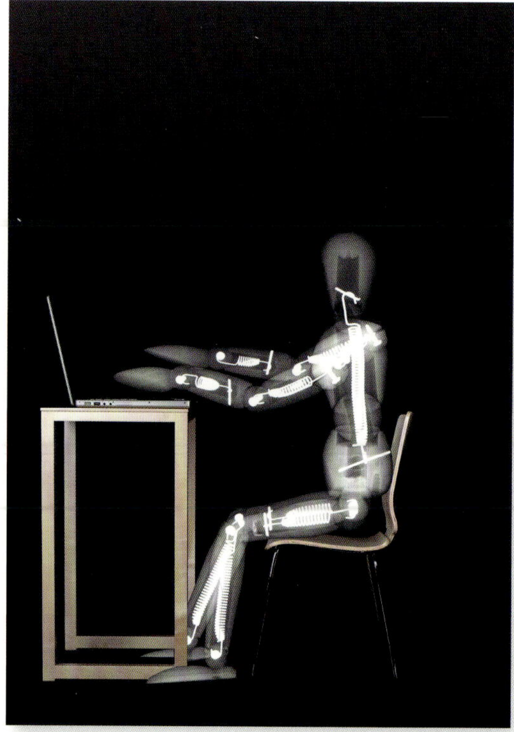

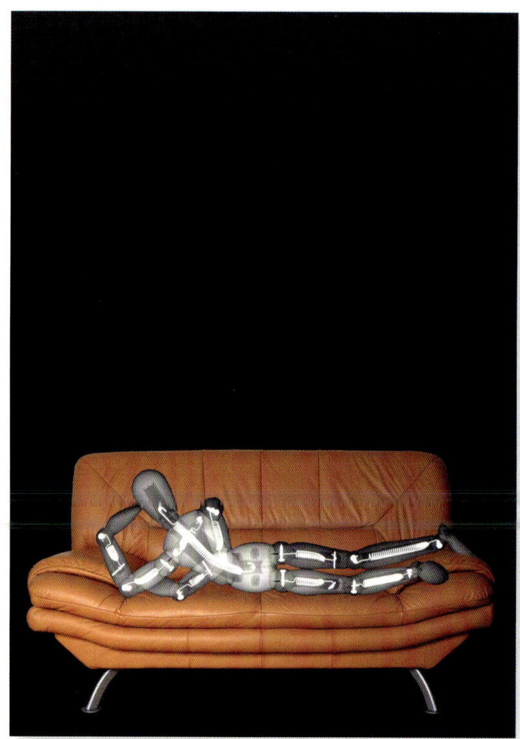

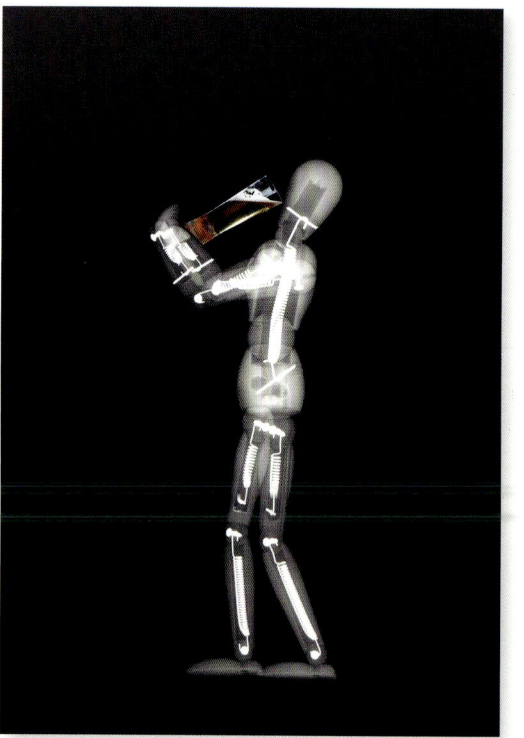

Workout 1, c-print, 70 × 50 cm

Workout 2, c-print, 70 × 50 cm

Workout 3, c-print, 70 × 50 cm

Workout 4, c-print, 70 × 50 cm

Workout 5, c-print, 70 × 50 cm

Workout 6, c-print, 70 × 50 cm

Workout 7, c-print, 70 × 50 cm

Workout 8, c-print, 70 × 50 cm

Workout 9, c-print, 70 × 50 cm

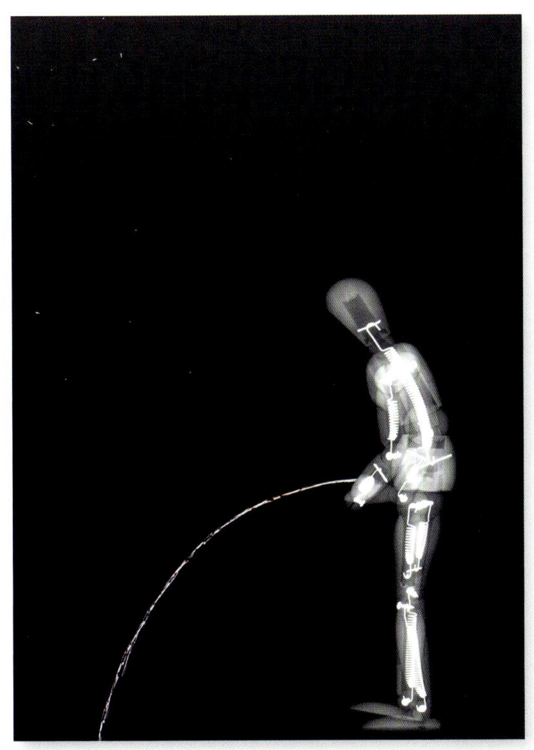
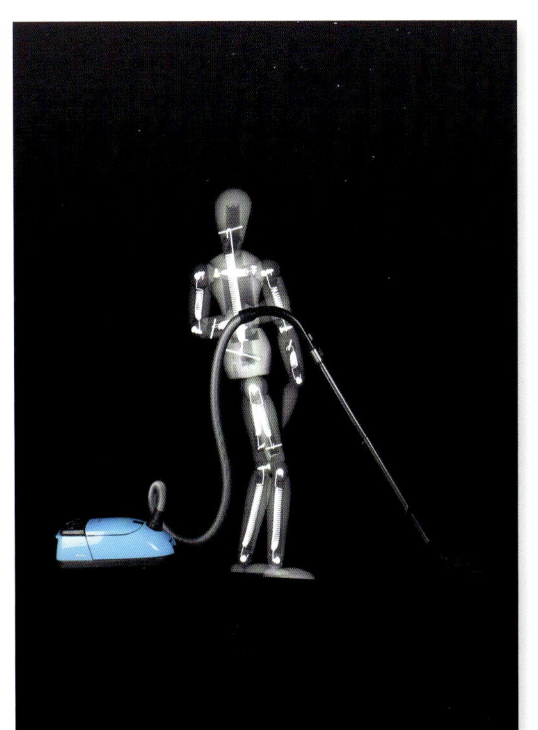
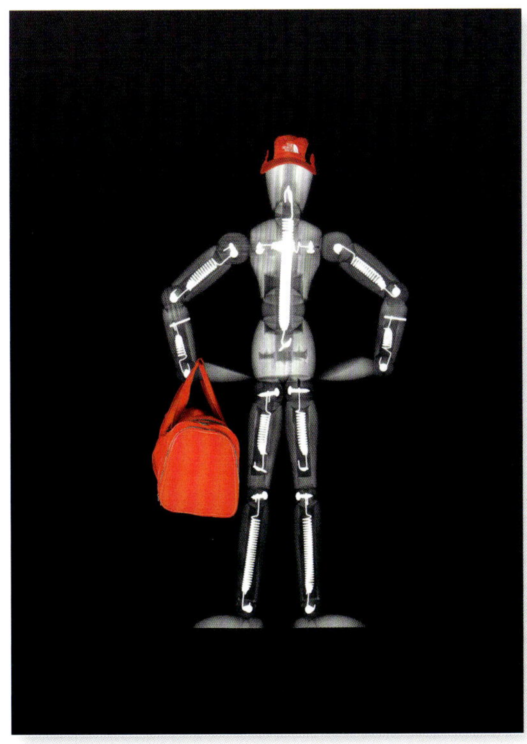
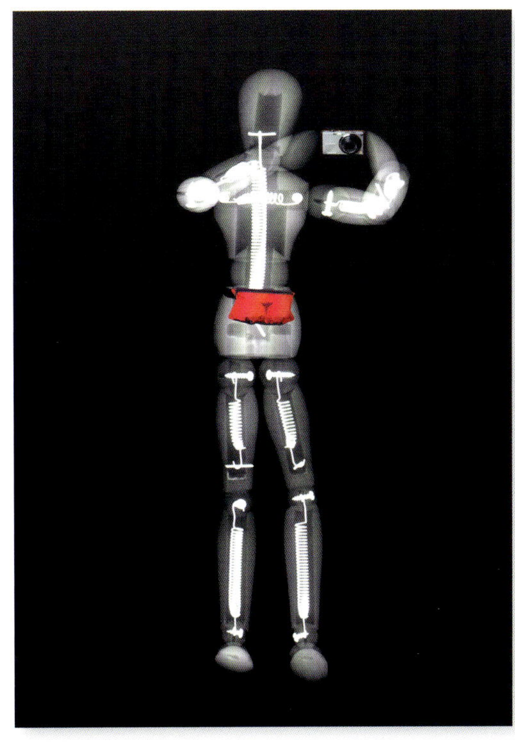
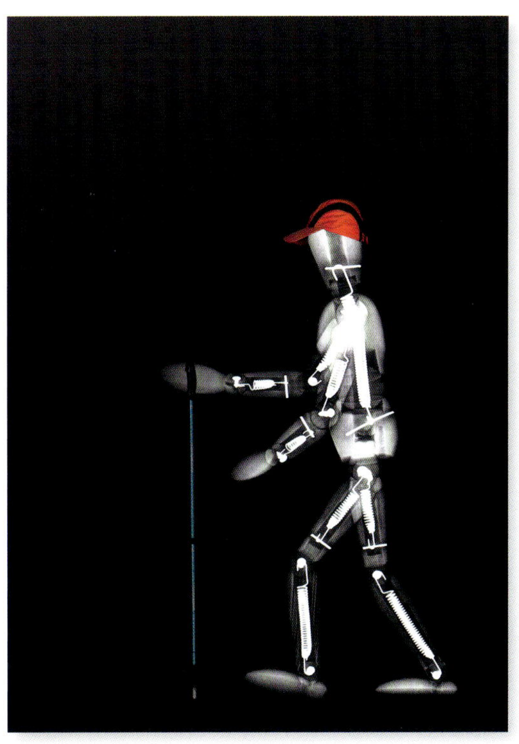

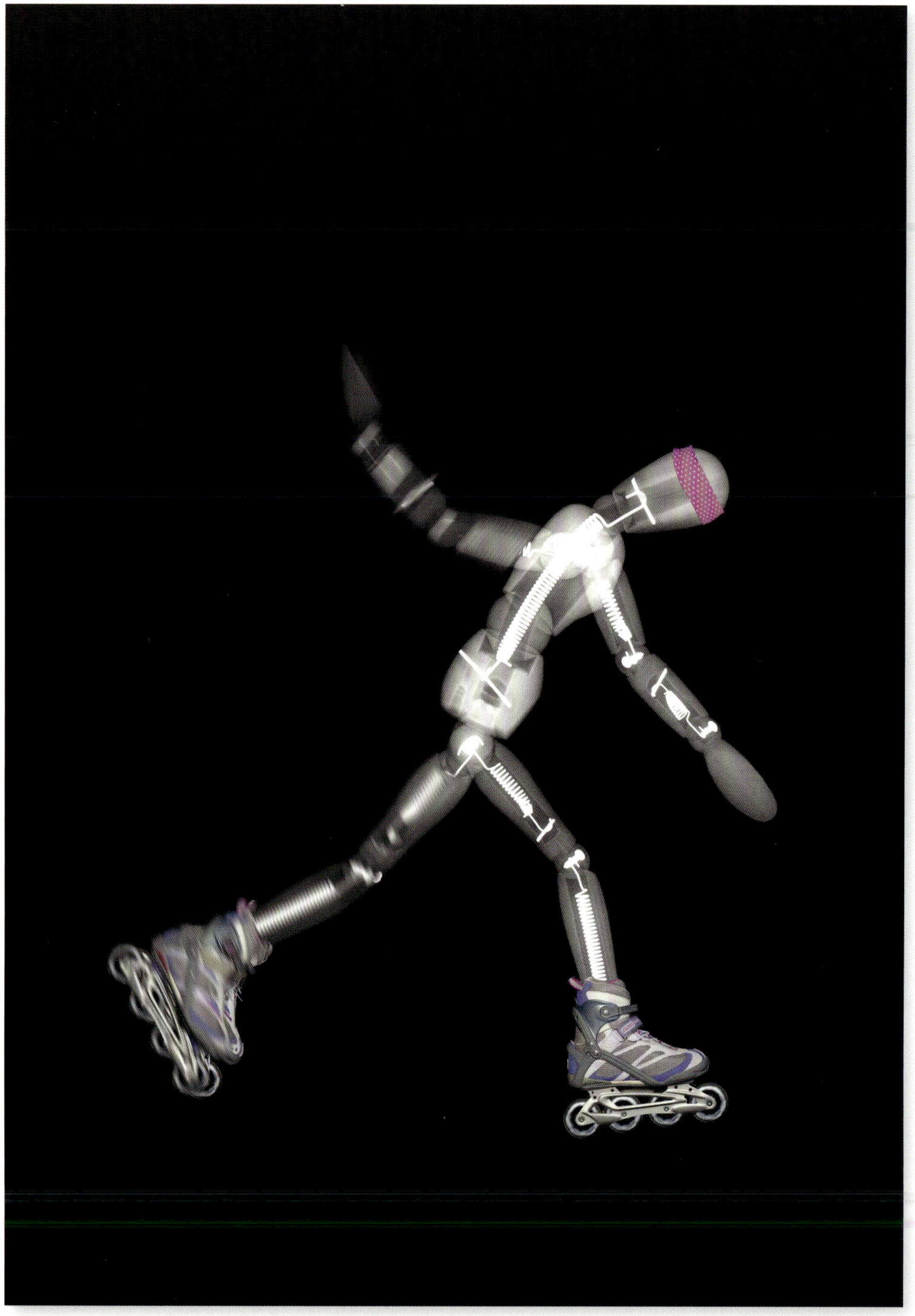

Workout 10, c-print, 70 × 50 cm

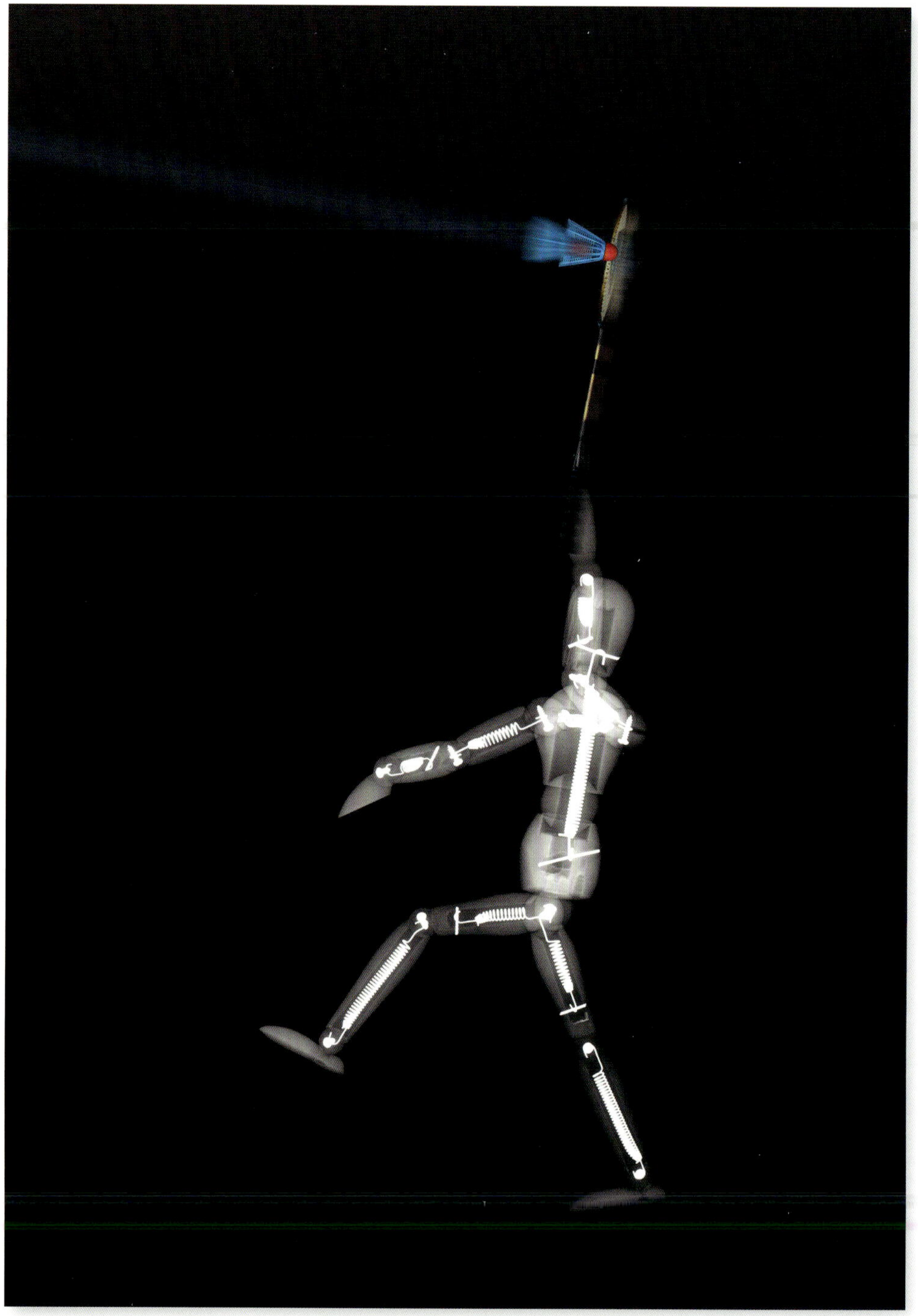

Workout 11, c-print, 70 × 50 cm

GRAPHICS

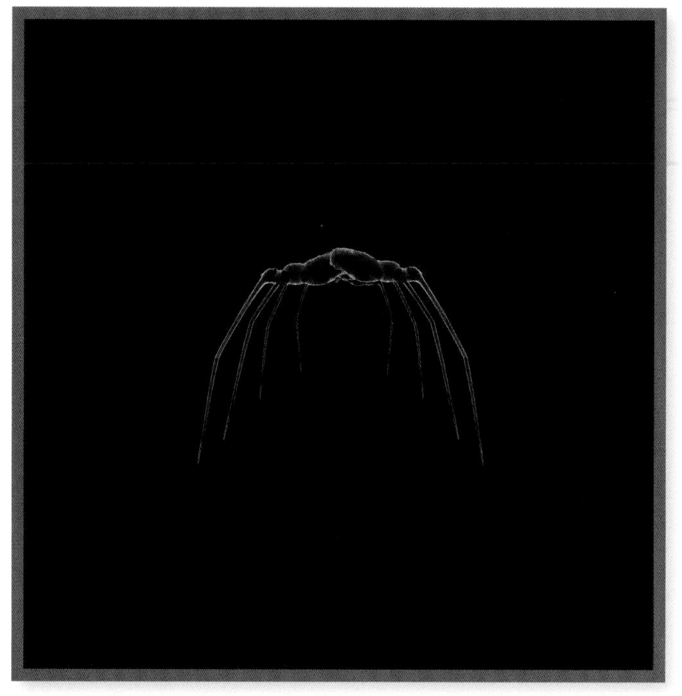

Phobie, c-print, 70×70 cm

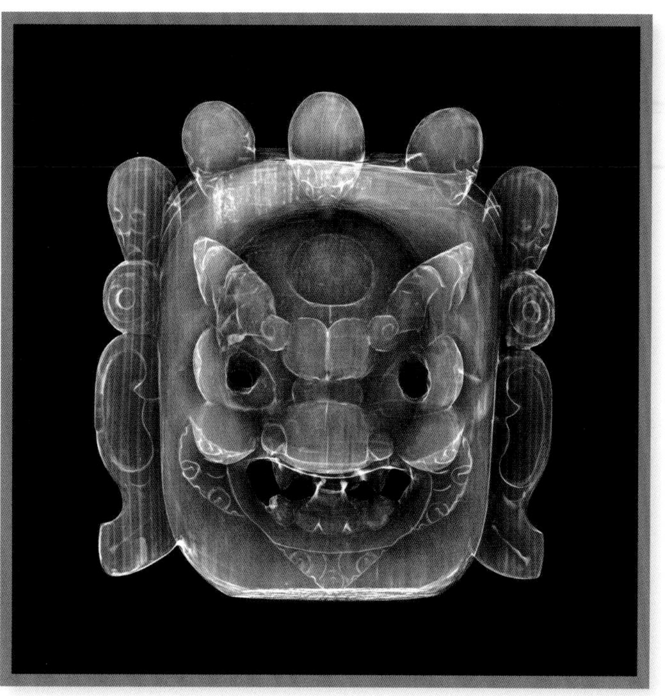

Maske, c-print, 70×70 cm

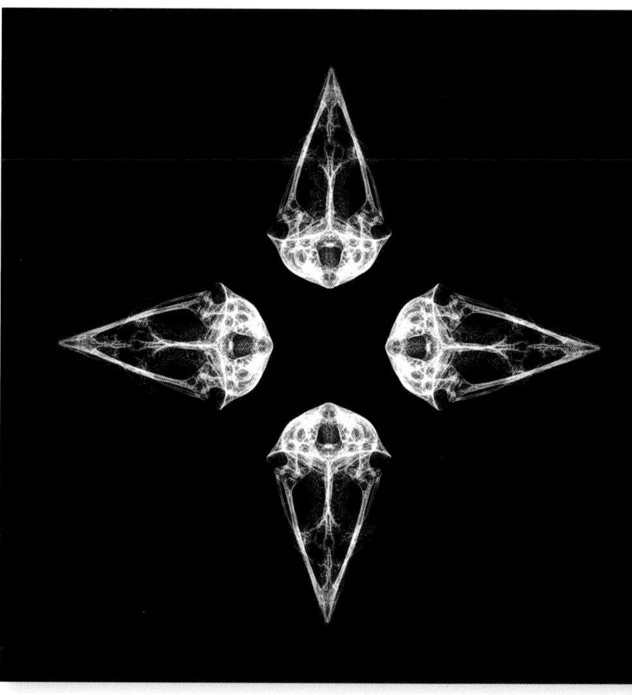

Späher, c-print, 70×70 cm

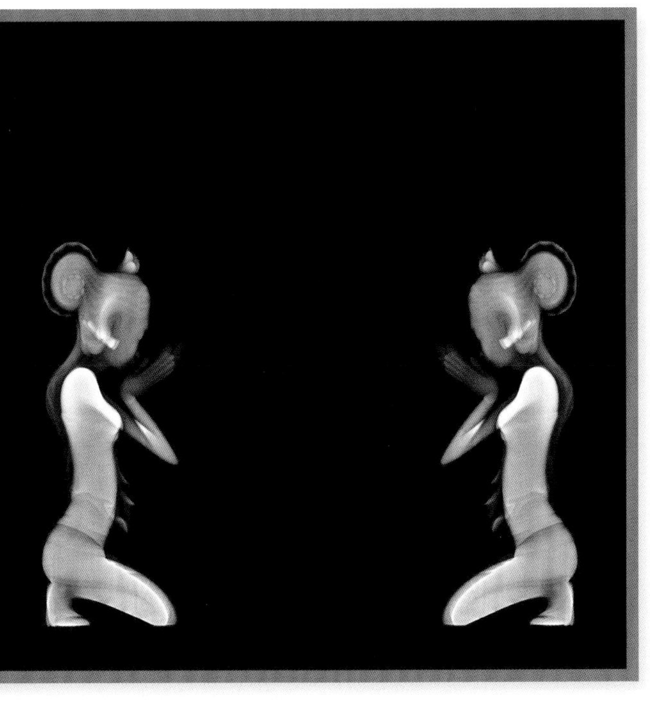

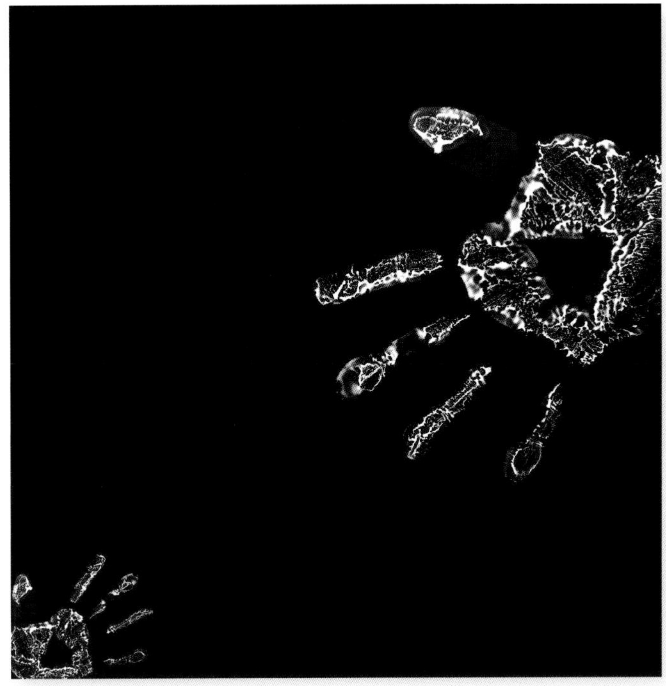

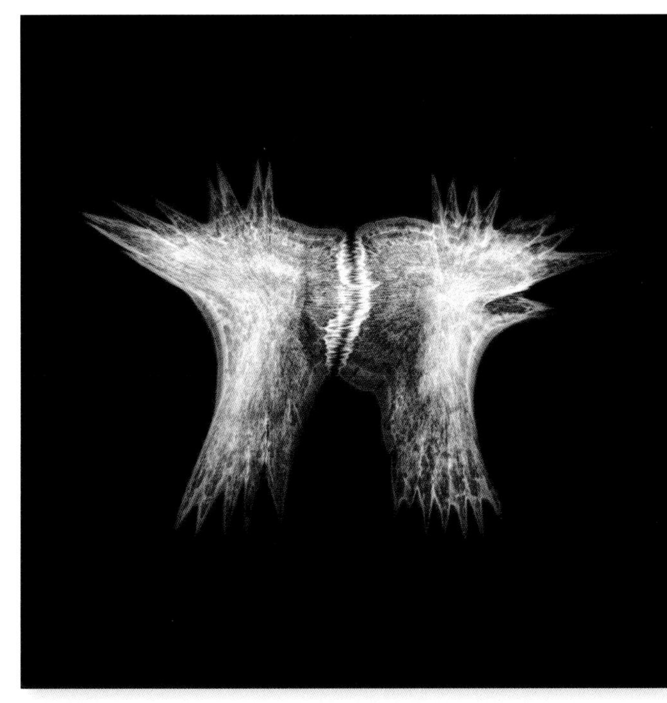

Im Tempel, c-print, 70×70 cm

Begegnung, c-print, 70×70 cm

Fragment, c-print, 70×70 cm

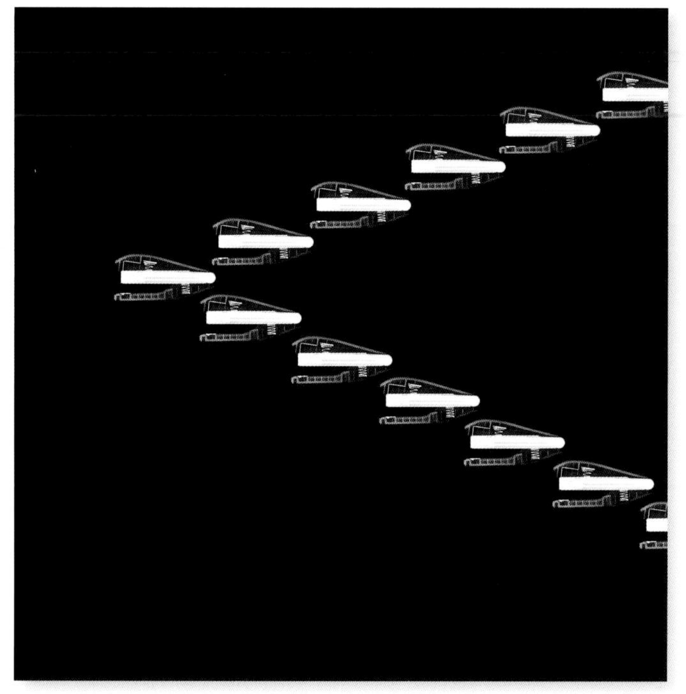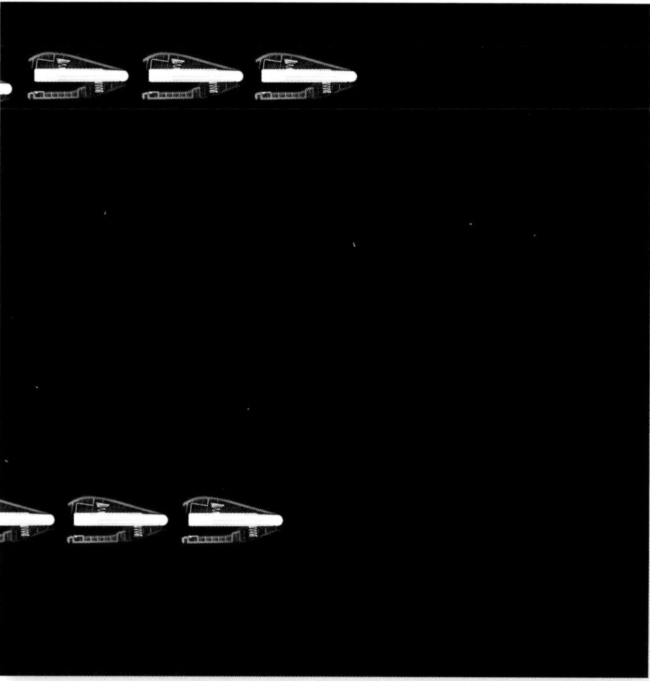

Formationsflug, c-prints, 70×70 cm

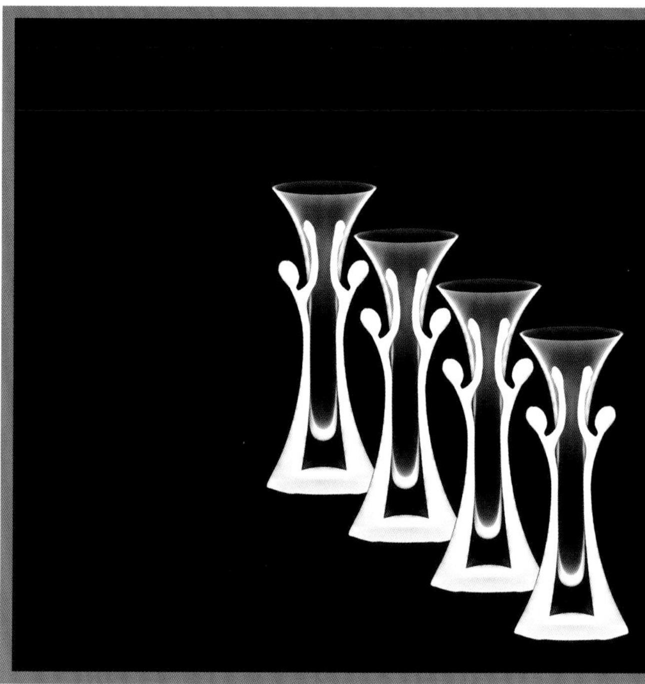

Quartett, c-print, 70×70 cm

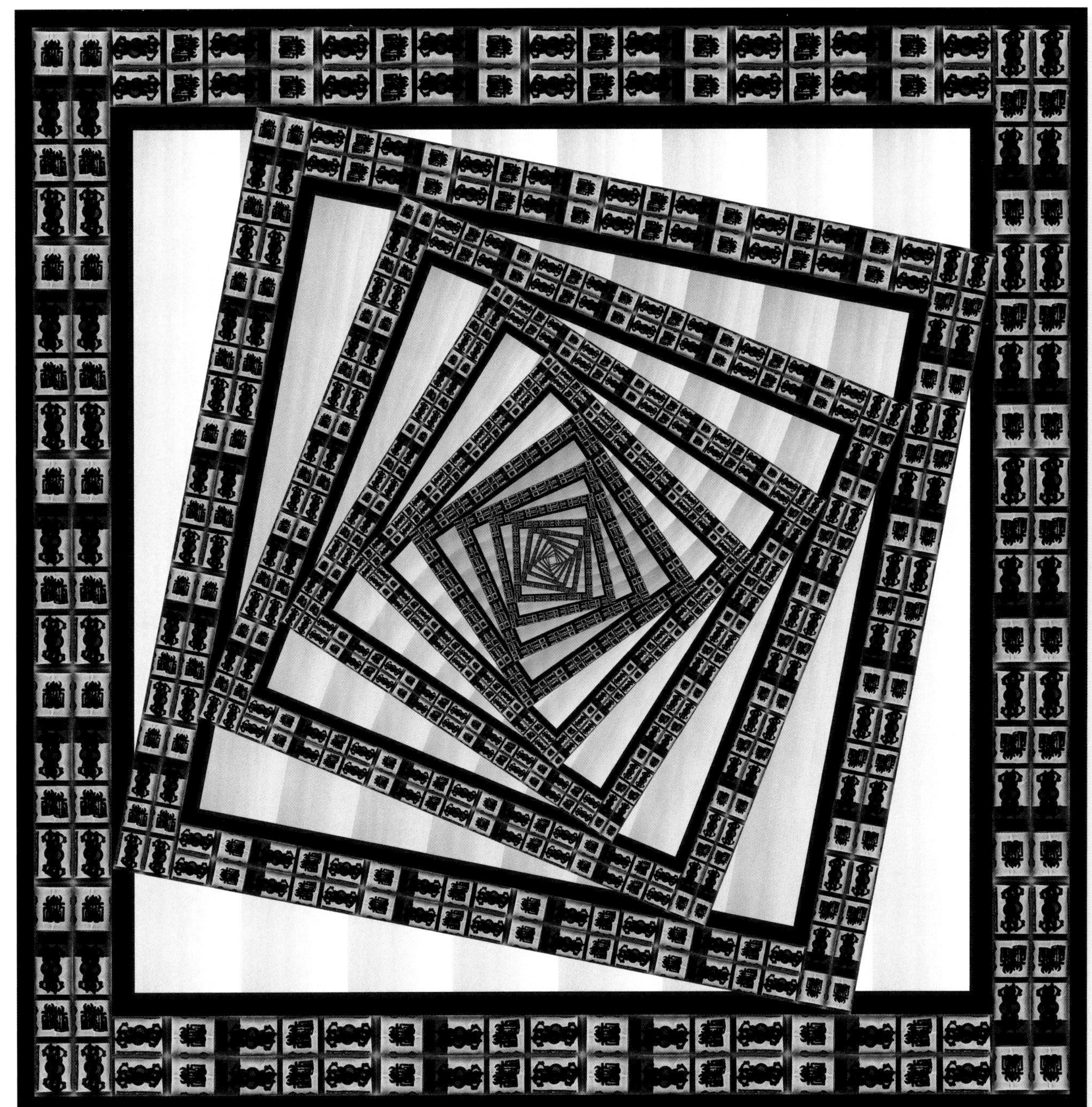

Im Sog, c-print, 98 × 98 cm

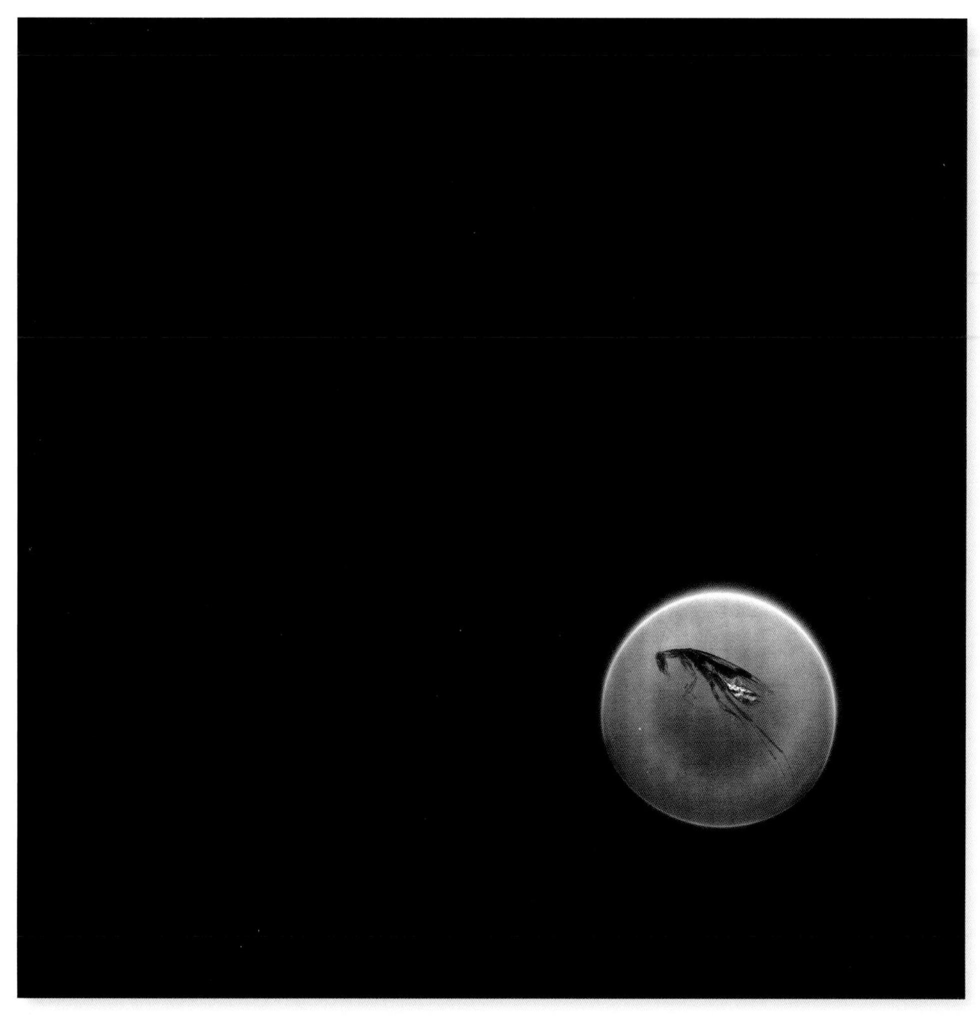

Mondsüchtig, c-print, 70×70 cm

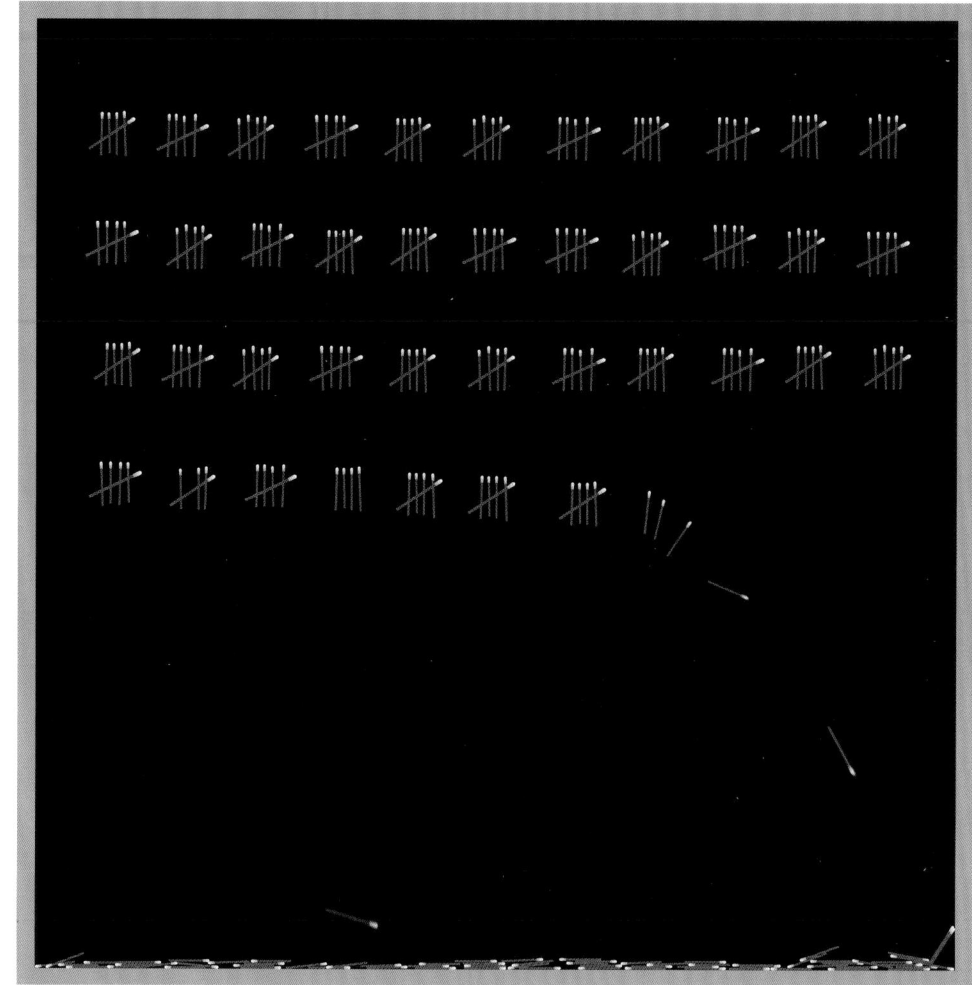

Gravidität, c-print, 98×98 cm

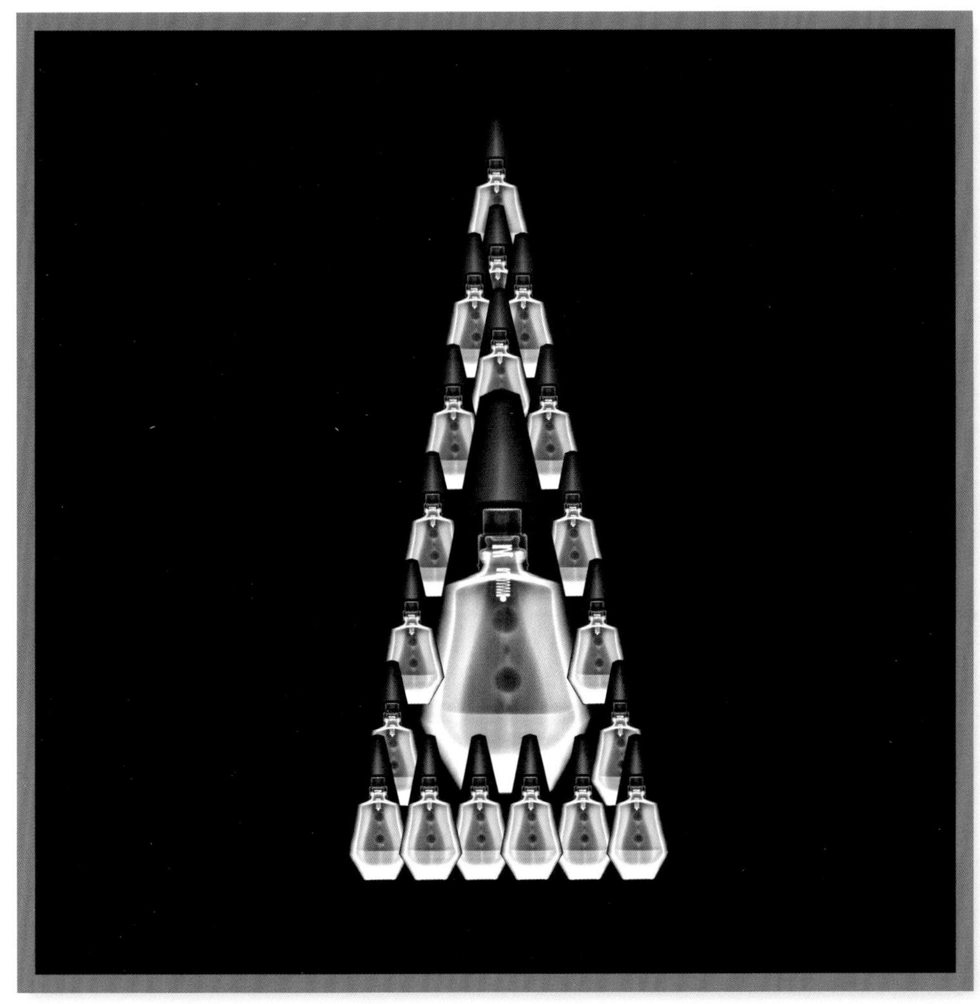

Givenchy, c-print, 98×98 cm

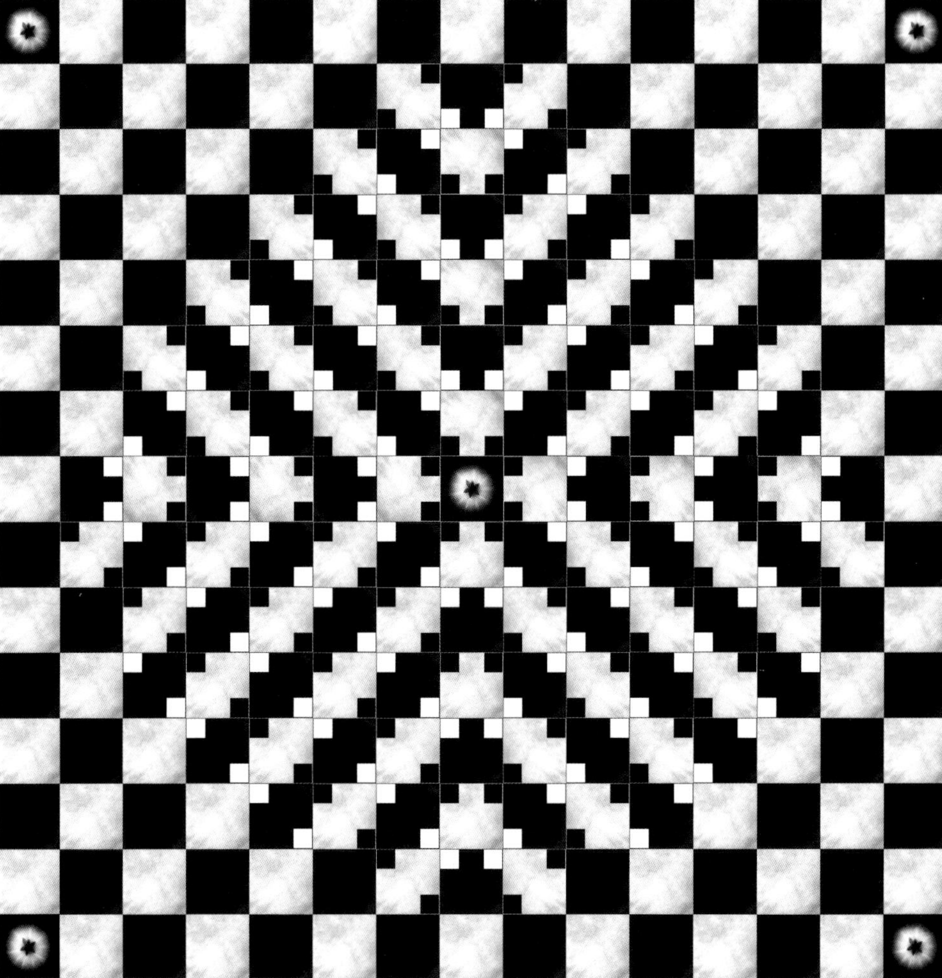

Pyramis, c-print, 98×98 cm

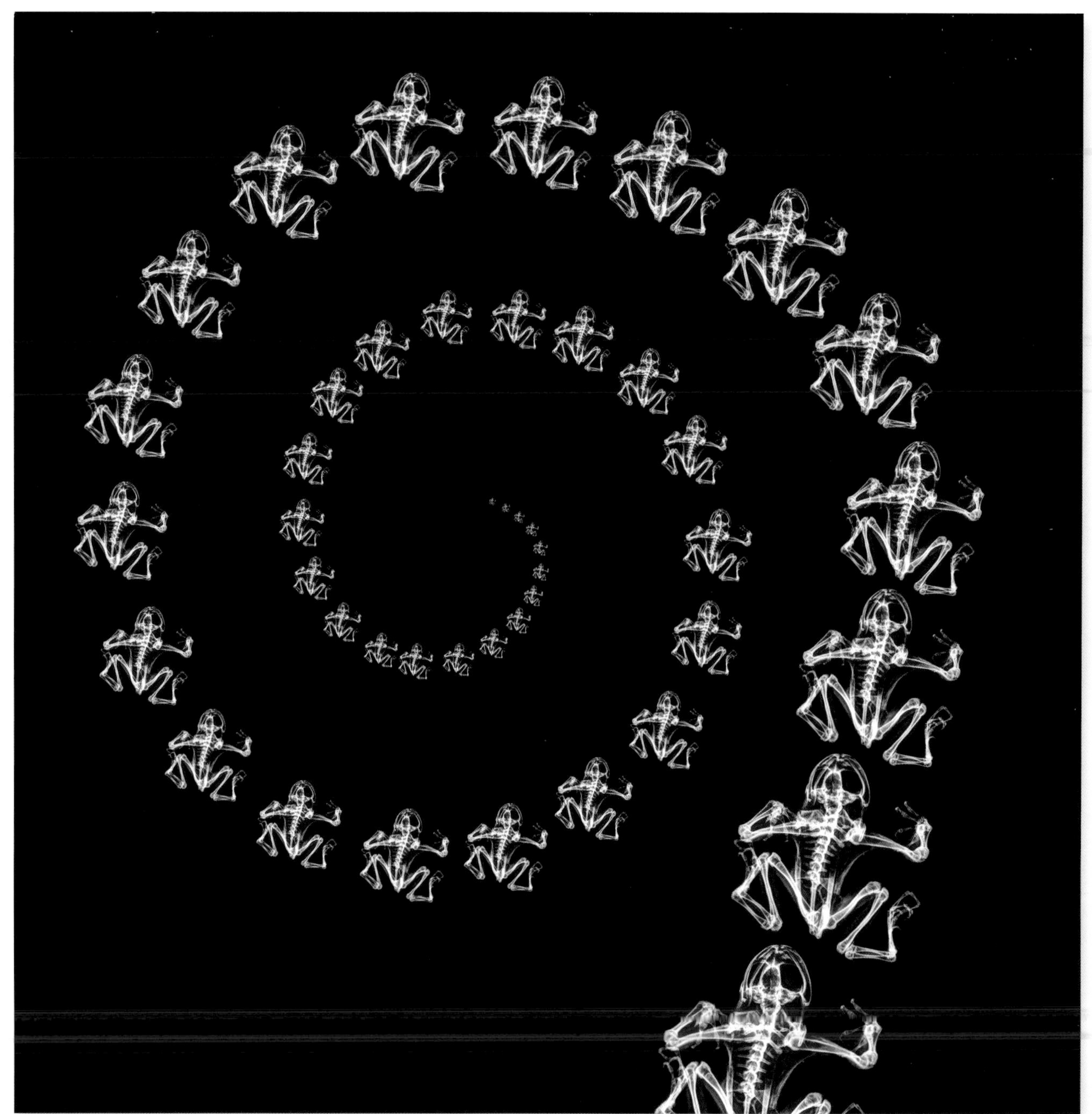

Spirale 1, c-print, 98 × 98 cm

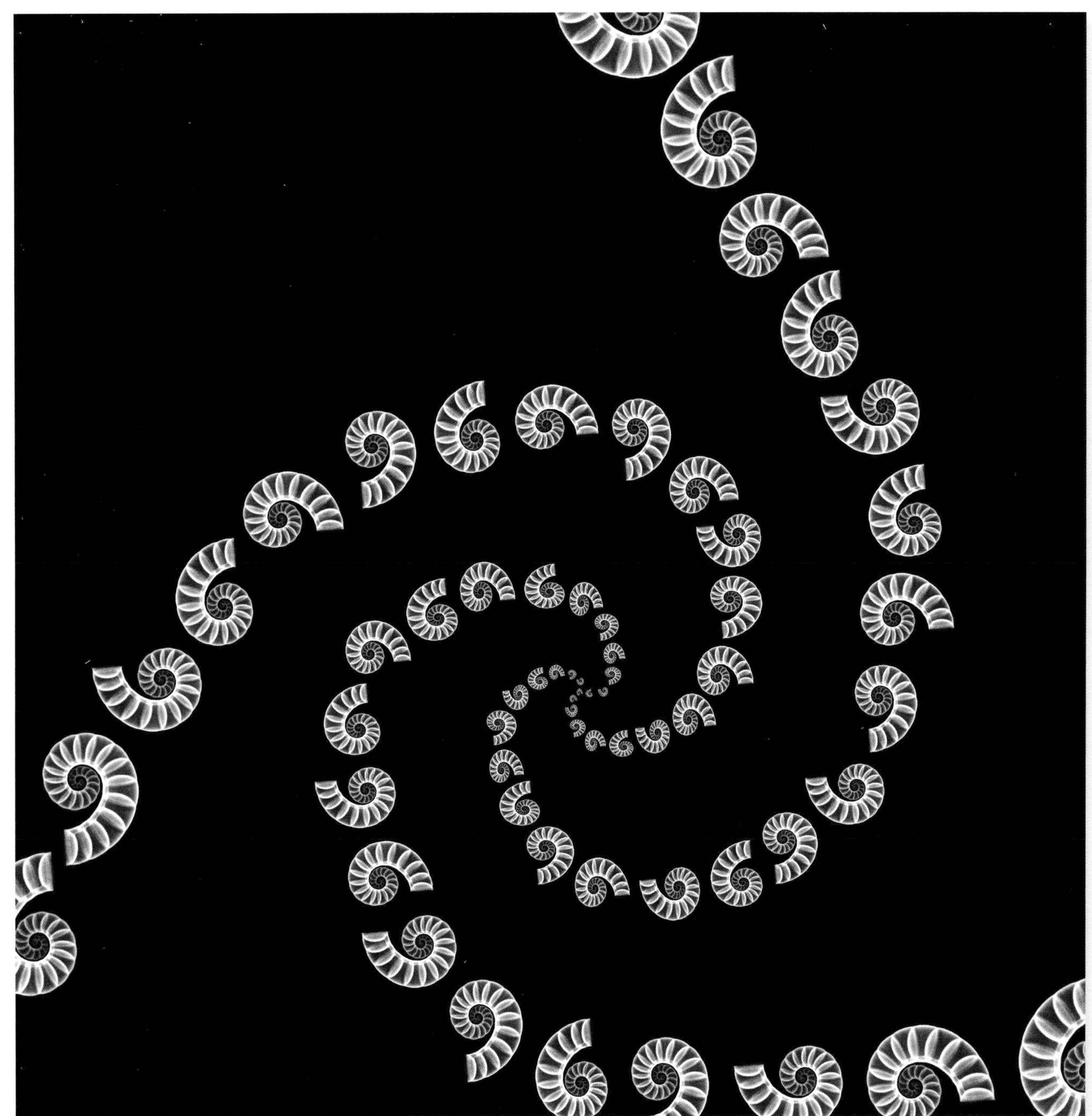

Spirale 2, c-print, 98 × 98 cm

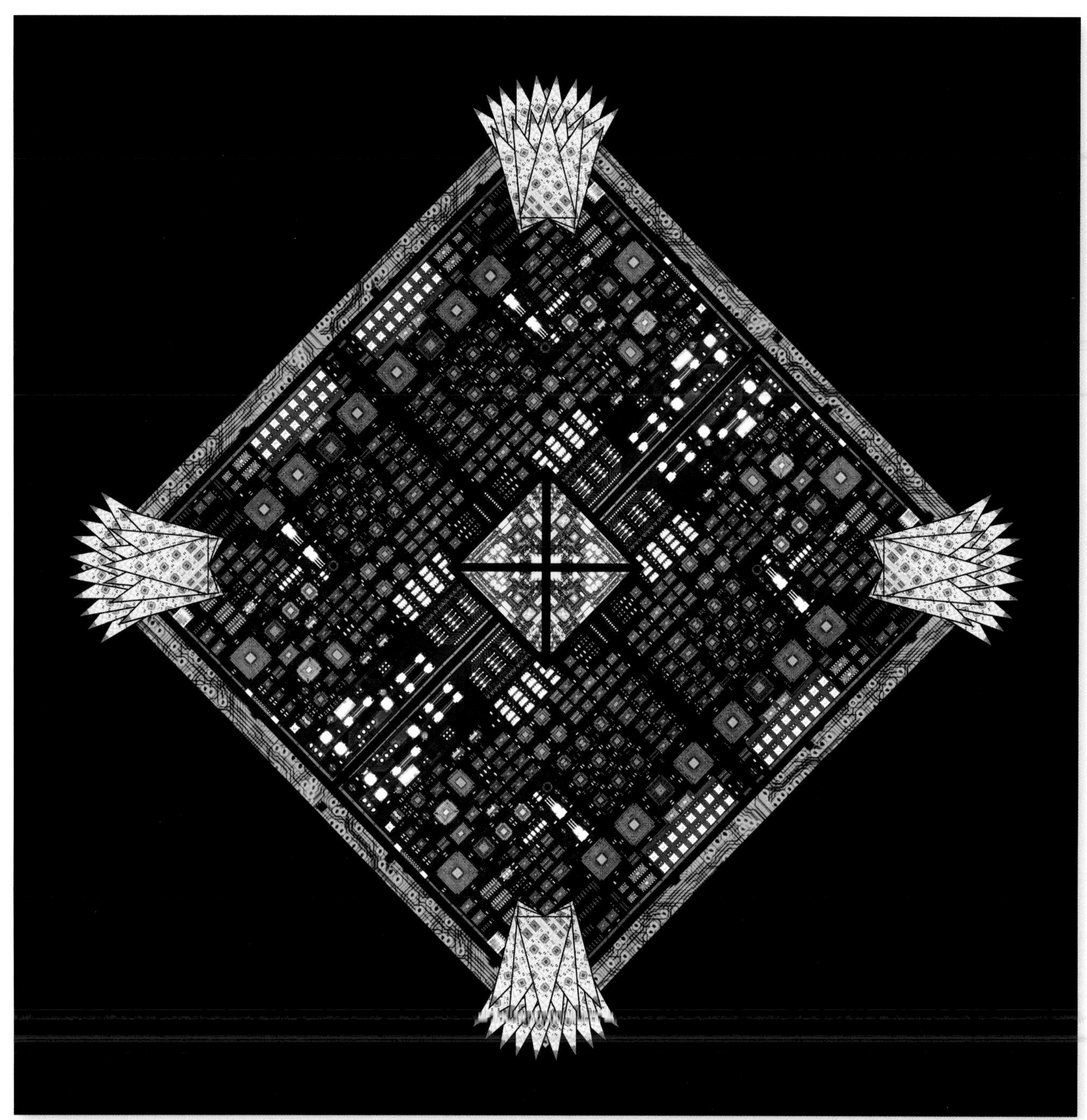

Platinoskop, c-print, 98 × 98 cm

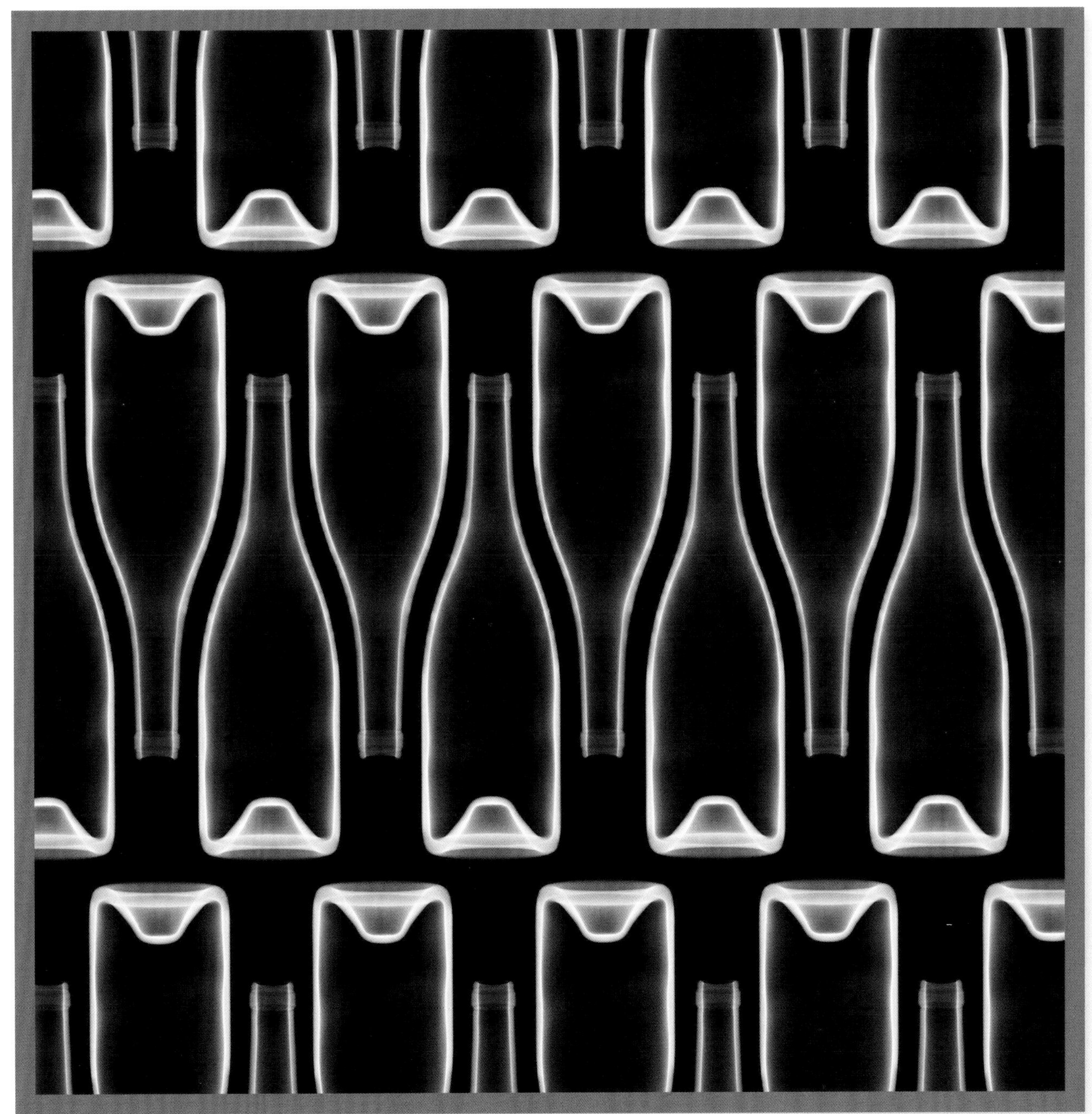

Pedanterie, c-print, 98 × 98 cm